大数据环境下面向服务的信任管理与计算

王 刚 著

科 学 出 版 社
北 京

内 容 简 介

本书全面阐述了大数据环境下面向服务的信任管理与计算相关内容，呈现了信任管理与计算的相关概念和理论，讨论了在大数据环境下面向服务的动态信任计算架构，以及多种信任计算方法和模型，最后还介绍和讨论了区块链技术及其与信任管理之间的关系。本书对于构建云计算信任服务系统、电子商务信任服务系统和其他信任管理系统均具有较好的技术参考和应用前景。

本书可供大数据下的信任管理、电子商务可信系统、移动互联网可信系统的研究人员及高等院校相关专业师生阅读和参考，也可作为相关专业研究生阶段和大学高年级阶段“可信计算”“信任管理”“电子商务安全”等课程的教材。

图书在版编目(CIP)数据

大数据环境下面向服务的信任管理与计算/王刚著. —北京：科学出版社，2020.4

ISBN 978-7-03-058805-0

Ⅰ. ①大… Ⅱ. ①王… Ⅲ. ①计算机网络-网络安全 Ⅳ. ①TP393.08

中国版本图书馆 CIP 数据核字（2018）第 212379 号

责任编辑：李祥根 李 莎 / 责任校对：王 颖
责任印制：吕春珉 / 封面设计：东方人华平面设计部

科学出版社出版
北京东黄城根北街 16 号
邮政编码：100717
http://www.sciencep.com
三河市骏杰印刷有限公司印刷
科学出版社发行 各地新华书店经销
*
2020 年 4 月第 一 版 开本：B5（720×1000）
2020 年 4 月第一次印刷 印张：10 1/2
字数：206 000

定价：95.00 元

（如有印装质量问题，我社负责调换〈骏杰〉）
销售部电话 010-62136230 编辑部电话 010-62138978-2046

前　　言

随着新型互联网技术的不断发展，移动互联网、云计算、物联网、社会网络和电子商务等基于大数据的各种网络应用服务层出不穷，已给人们的生产方式和社会生活带来了巨大的变化。越来越多的人正在利用这些新型网络应用服务进行交互（交易）、协作和共享，实现按需所得的应用服务。在人们利用大数据环境下的网络应用服务过程中，服务双方的交互行为是基于对服务提供者的信任而进行的。然而，大数据环境下的多种网络应用服务中的网络结点具有高度的自主性、动态性和匿名性，导致网络环境中的各种应用服务普遍存在不可信性和不确定性的严重问题，尤其在一些对信任敏感性要求较高的服务领域（如电子商务服务、商业云计算服务和社交网络应用服务）中更加突出，常常出现结点恶意夸大、诋毁、恶意推荐和恶意评价的现象，部分用户甚至通过虚假交互、恶意欺诈、恶意推荐等方式获得虚假信任，导致恶意服务频繁发生，严重影响社会网络的服务安全。因此，大数据环境下开展基于信任的服务安全问题研究，成为当前国内外的一个重要研究课题，其研究成果对于保障网络应用服务安全具有重要的理论意义和实用价值。

针对上述问题，本书将社会关系认知思想引入动态信任关系度测框架中，通过加权综合交互信任和推荐信任，运用多种数学理论评估和预测信任计算的可信度，解决社会网络中结点欺诈、恶意推荐等问题，确保信任评估的准确性和客观性，为用户挑选合适交互结点提供决策依据。

本书的主要贡献和研究工作包括以下几点。

1）针对当前信任模型大多是利用信任链传递方式进行推荐信任计算，不能较好地体现实际应用服务场景中人际关系对推荐信任计算的影响，同时结点的喜爱偏好会引起每次交互内容的差异，进而引起推荐信任计算不够准确的问题，本书在基于社会关系认知思想上，提出一种基于服务内容领域本体概念相似度的推荐信任方法，即基于交易商品领域本体内容相似度的推荐信任模型（a recommendation trust model based on trade goods domain ontology content similarity，DOCSRTrust）。该方法将人的社会关系熟悉度和服务内容本体概念相似度计算作为影响推荐信任的重要因子引入推荐信任计算中，以保证推荐信任计算的准确性。模拟实验表明，DOCSRTrust 方法比 EigenRep 方法在抑制结点恶意欺诈行为的成功率上高 10%；针对结点策略型欺骗，在 30 个交互周期时，DOCSRTrust 方法比 EigenRep 方法和普通方法的成功率均高 13%，说明该方法能较好地确保推荐信任计算的准确度。

2）针对服务内容本体概念相似度的信任推荐方法考核指标单一，较难适应拥有多样性考核指标的大规模网络应用服务环境，本书提出了基于服务多属性相似度的信任推荐方法。通过多指标服务的相似度计算来检测结点的可信性；同时针对多类别复杂服务环境下服务内容本体概念相似度计算效率低的问题，提出基于信息论和启发式规则的服务内容概念相似度计算方法。模拟实验表明，在第 25 个周期时该方法抑制结点推荐作弊的交互成功率是 75%，相比 EigenRep 方法和普通方法分别提高了 13%和 20%，说明该方法对于策略型的欺诈结点有较好的抑制性。针对结点协同作弊实验，该计算方法与 Hassan 方法相比，成功率高出了 18%，说明该方法具有更好的效果。

3）针对"结点交互信任度高，其推荐更可信"的认识缺陷，本书提出了基于马尔可夫链的多属性推荐信任评价方法。通过对推荐可信性指标的分析，采用服务推荐成功率、服务提供者（service provider）自身可信性、服务推荐能力进化度、结点推荐与推荐综合计算值之间的差异度作为衡量推荐信任可信性的度测指标，同时利用马尔可夫链来计算服务推荐能力进化度，用这 4 个指标综合计算结点推荐的可信性。模拟实验表明，该方法在 10 个交互周期时的推荐准确率是 81%，在 20 个交互周期时的推荐准确率是 91%，而 EigenRep 方法没有考虑服务推荐相似度，对结点的推荐没有任何区分，因此推荐准确率表现相同，说明所提方法更具适用性。在恶意结点率为 40%的情况下，推荐成功率仍达到 64%，说明该方法具有良好的效果。

4）针对当前信任模型中往往缺少对结点的奖惩-激励机制的问题，本书中的研究成果通过引入竞标机制，提出了基于推荐信任和竞标-激励机制的服务结点选取综合评价模型。通过竞标来激励网络结点积极服务以获得相应利益，同时以结点的可信性作为重要考核指标之一，提出了基于熵权与逼近理想解排序（technique for order preference by similarity to ideal solution，TOPSIS）法的竞标结点选取评价方法。该方法将服务信任、服务价格和服务交互数量作为评价结点的指标，利用信息熵来计算竞标服务结点的评价指标权重，并利用 TOPSIS 法从多个结点中选择出合适的交互结点。模拟实验表明，虽然结点 A5 的信任度、交互数量不是最高的，价格也不是最低的，但其贴近度却是所选的 10 个结点中最高的（达到 0.801），这说明该模型和方法能够根据信任和竞标的实际情况，综合考量竞标结点，实验结果符合实际情况。

总之，本书是在当前大数据环境下，将应用服务所面临的众多问题，与人类社会关系对信任的影响紧密结合，针对恶意欺诈、协同作弊推荐等网络系统中存在的严重信任问题，提出了相关信任计算方法，利用这些方法能较好地保证系统运行的可信性。

本书的相关研究成果曾经发表在《计算机学报》、《小型微型计算机系统》、*Journal of Applied Statistics*、*International Journal of Electronics and Electrical*

Engineering 等期刊和相关会议上。本书的撰写和出版得到了西安财经学院学术著作出版基金的支持和资助，在此表示感谢。

由于作者经验和水平有限，书中难免存在不足之处，希望广大读者批评指正。

作　者

2018 年 3 月于西安

目 录

第 1 章　大数据环境中的信任与安全

【导言】20 世纪 90 年代后期，以信息技术、计算机和网络技术等高新技术发展为标志，人类社会迅速迈进一个崭新的数字时代。现代信息技术铺设了一条广阔的数据传输道路，将人类的感官延伸到广袤的世界中。政府和企业通过大力发展信息平台和网络建设，提高了对信息的交互、存储和管理的效率，从而提升了信息服务的水平；生物科学领域通过对分子基因数据的解读重新诠释了生物体中的细胞，组织，器官的生理、病理、药理的变化过程，从而突破了人类在许多疑难杂症上的传统认识；市场研究人员通过研究 Google（谷歌）住房搜索量的变化，对住房市场趋势进行预测，其结果比不动产经济学家的预测更为准确，也更有效率；物联网、移动互联网既是先进的信息传输平台，也是生成和传播大规模数据的平台。可以发现，伴随着信息技术的高速发展，数据已成为和材料、能源一样的国家战略资源。政府、科学和社会等各个领域的每个“细胞”都被快速发展的信息技术所激活，人们畅游于信息海洋，并获得认知效率的飞跃，沉浸于价值被认可的幸福与满足中。

然而，在大数据环境下的云计算、移动互联网、社会网络、物联网、电子商务等多种新兴网络应用服务为人类活动和商业活动创造了前所未有的、难以想象的交往模式和动态的组织构造的同时，挑战也随之而来。其中，最迫切的就是：人们无法依赖或通过面对面的语言的线索来判断，以互联网为基础的交互行为（如电子商务交互）或者社交活动中的另一方是否将履行他们承诺的服务。例如，通过互联网购买商品时，人们与该商品没有物理上、感官上的接触，不能够通过亲身体验来确定其真实性，而只能相信销售者的承诺。人们被置于一个对所买商品的很多属性一无所知的境地。当然，也难以保证购买者为商品买单。面对这样的境况，人们迫切需要对大数据环境下的多种应用服务寻找一个好的信任技术来确保可信和高质量的服务。通过在大数据环境中采用新的技术，人们可以建立一个服务请求者和服务提供商之间互相了解的平台。因此，真实的商业价值将增加服务双方的信心，使高质量的产品、服务等可以在网络虚拟世界中变为现实。

本章就目前大数据热点问题，包括其概念、来源、存在问题、机遇和挑战、关键技术及应用实例等问题进行归纳和总结。首先，分析大数据的时代背景、研究现状及意义，阐述了大数据的概念和来源、数据处理未来面临的目标和问题，对大数据与云计算、物联网之间的关系也做了对比分析，着重分析了大数据技术框架、常用处理工具和大数据企业解决方案，还讨论了大数据行业应用实例，并对大数据研究进行展望。其次，研究大数据的概念、特征及其内涵，并且研究信任为什么对大数据环境下的服务很重要，同时厘清信任和安全的概念。最后，给出了本书的整体研究框架和思路。

本章主要从大数据的概念、特征及价值体现——安全地分享和使用数据的角度，对大数据环境下面临的安全问题和相关技术进行探讨。

1.1　大数据的时代背景

近来，当人们对“物联网”“云计算”“移动互联网”等词还不是很清楚时，“大数据”（big data）又横空出世，并且其发展成燎原之势。2014 年巴西世界杯与往届世界杯最大的不同是，其融入了诸多的科技元素，如“云计算”“大数据”等。2017 年，Intel 预测，到 2020 年，全球数据量将会达到 44ZB，而中国产生的数据量将会达到 8ZB，也就是说 3 年之后中国产生的数据量将会占到全球的 1/5①。同时，传感网、物联网、社交网络等技术迅猛发展，引发数据爆炸式增长，各种视频监控、监测、感应设备也源源不断地产生巨量流媒体数据，能源、交通、医疗卫生、金融、零售业等各行业也有大量数据不断产生，积累了 TB 级、PB 级的大数据。上述情况表明，现在已进入大数据时代，大数据已经开始造福人类，成为信息社会的宝贵财富。

大数据泛指大规模、超大规模的数据集，因可从中挖掘出有价值的信息而备受关注，但传统方法无法进行有效分析和处理。《华尔街日报》将大数据时代、智能化生产和无线网络革命称为引领未来繁荣的三大技术变革。世界经济论坛报告指出大数据为新财富，价值堪比石油。因此，目前世界各国纷纷将开发利用大数据作为夺取新一轮竞争制高点的重要举措。

当前大数据分析面临的主要问题包括：数据日趋庞大，无论是入库还是查询都出现性能瓶颈；用户的应用和分析结果呈整合趋势，对实时性和响应时间要求越来越高；使用的模型越来越复杂，计算量指数级上升；传统技能和处理方法无法应对大数据挑战。

可喜的是，学术界、产业界甚至政府机构都已经开始密切关注大数据问题，并对其产生浓厚的兴趣。就学术界而言，*Nature* 和 *Science* 等国际顶级学术期刊相继出版专刊专门探讨大数据问题。2008 年 *Nature* 出版了 *Big Data* 专刊[1]，从互联网技术、网络经济学、超级计算、环境科学、生物医学等多个方面介绍大数据带来的挑战。*Science* 也在 2011 年推出 *Dealing with Data* 专刊[2]，讨论大数据所带来

① https://www.ithome.com/html/it/326387.htm。

的挑战和大数据科学研究的重要性。另外，麦肯锡全球研究所发布了报告 *Big data: the next frontier for innovation, competition, and productivity*[3]，2012 年达沃斯世界经济论坛发布了报告 *Big data, big impact: new possibilities for international development*[4]等。IT 产业界，也相继推出了各自的大数据产品，如 IBM、Google、Amazon、Facebook 等国际知名企业都是大数据的主要推动者；而国内的大数据企业，如百度、阿里巴巴、腾讯、科大讯飞等也是大数据的主要推动者。

大数据兴起的另一重要原因是经济利益驱动。大数据是一个具有国家战略意义的新兴产业，作为国家和社会的主要管理者，各国政府机构也是大数据技术的主要推动者。2012 年 3 月 29 日，美国政府宣布投资 2 亿美元启动“大数据的研究和发展计划”（Big Data Research and Development Initiative），该计划旨在提高和改进人们从海量和复杂的数据中获取知识的能力，加快科学、工程领域的创新步伐，增强国家安全，把大数据看成“未来的新石油”，并将对大数据的研究上升为国家意志，其六大机构合力研发核心技术，支持协同创新。英国、澳大利亚等国的政府机构也开始进行大数据研究。在此基础上，美国又于 2016 年 5 月发布了《联邦大数据研究与开发战略计划》，其目标是对联邦机构的大数据相关项目和投资进行指导。该计划主要围绕代表大数据研发关键领域的 7 个战略（包括促进人类对科学、医学和安全所有分支的认识）进行，确保美国在研发领域继续发挥领导作用，通过研发来提高美国和世界解决紧迫社会和环境问题的能力。

利用大数据分析技术，各行业可以不断发现和挖掘出新的契机来推动自身的发展，从而形成了良性循环的发展态势。特别是电商、金融、教育、卫生防疫、生产制造等行业，能够充分利用大数据分析技术取得更快速、更精准的发展。例如，淘宝、天猫等电商采用大数据分析技术在对用户以往的交互（交易）消费数据、用户浏览数据、关注和收藏的商品数据、商家的评价数据等进行有效的分析之后，能够有效地向用户推出个性化服务，同时也能更加准确地调整、优化和改变自身的供应链决策。又如，腾讯云与万达广告合作开发的分析示意图，通过对用户出行方式、人群特性、手机类型、收入水平等指标与周边人群进行分析，能够精准把握目标客户群体，让商业决策有的放矢①。在 2012 年 3 月，美国政府宣布了 2 亿美元的“大数据的研究和发展计划”之后，欧洲联盟（简称欧盟）也出台了类似的举措。我国对大数据研究也已提出指导性方针，《国家中长期科学和技术发展规划纲要（2006—2020 年）》《“十二五”国家战略性新兴产业发展规划》中都提出支持海量数据存储、处理技术的研发和产业化。2013 年 2 月 1 日，科学技术部公布了国家重点基础研究发展计划（“973”计划）2014 年重要支持方向，其中，大数据计算的基础研究为重要支持方向之一。2016 年，计世资讯认为，2011 年是中国大数据市场元年，2012～2016 年是大数据市场飞速发展的几年，特别是

① https://tech.qq.com/a/20160527/051942.htm。

在 2016 年，整个国内大数据规模达到 3600 亿元，预计 2017 年将达到 4700 亿元，2018 年将达到 6200 亿元[5]。大数据研究是社会发展和技术进步的迫切需要。

综上可知，大数据已引起了学术界、产业界和政府机构的高度关注。大数据已在网络通信、医疗卫生、农业研究、金融市场、气象预报、交通管理、新闻报道等方面广泛应用。大数据背后隐藏着巨大的经济与政治利益，尤其是通过数据整合、分析与挖掘，其所表现出的数据整合与控制力量已经远超以往。仅 2009 年，Google 公司通过大数据业务对美国经济的贡献达 540 亿美元，而这只是大数据蕴含的巨大经济效益的冰山一角[6]。可以说，现在大数据研究已经是社会发展和技术进步的迫切需要。2016 年 5 月 25 日，李克强在中国大数据产业峰会暨中国电子商务创新发展峰会上将大数据誉为“钻石矿”，并为大数据未来的发展描绘出四大清晰路径。路径一：大数据+工匠精神。即通过大数据和传统工业的工匠精神相结合，使新旧动能融合发展，有力推动虚拟世界与现实世界融合发展，使生产管理经营模式发生变革，重塑产业链、供应链、价值链，促进新动能蓬勃发展、传统动能焕发生机，打造中国经济“双引擎”，实现“双中高”。路径二：发展共享经济。即利用大数据，实现信息共享。路径三：政府发挥应有作用，打破“信息孤岛”、消除“数据烟囱”。即利用信息网络的发展来推动政府的信息共享。路径四：强化信息网络和数据安全，构建信息数据“安全网”。即强化信息网络和数据安全，完善数据流动及监管，构建信息及基础设施安全保障系统，并在此基础上着力推动信息开发，使其在安全权益方面得到保障、知识产权保护得以加强。同时，李克强强调，对信息滥用、侵犯隐私、网络诈骗、盗取商业秘密等行为，要依法依规进行打击清理，净化信息网络空间[7]。

从国内研究进展来看，大数据研究也日益受到重视。李国杰和程学旗[8]围绕大数据的研究现状、科学问题、主要挑战及发展战略进行了全面的分析与展望，为大数据的进一步深入研究提供了重要的研究思路。从具体研究进展来看，围绕大数据环境下的数据仓库架构[9]、大数据降维[10]、相关性分析[11]、海量数据应用[12]等方面的研究工作不断涌现，形成了一批重要的研究成果[13,14]。同时，中国计算机学会大数据专家委员会于 2013 年出版了《中国大数据技术与产业发展白皮书》[15]，于 2014 年与中关村大数据产业联盟共同出版了《2014 中国大数据技术与产业发展报告》[16]，并对大数据的发展背景、典型应用、技术进展、IT 产业链与生态环境及发展趋势等方面进行了详细的阐述、分析与论证。毋庸置疑，大数据研究之所以备受关注，本质原因在于其具有巨大的潜在价值[17]。

但是，精彩纷呈的大数据也带来了很多烦恼和问题。日新月异的应用背后是数据量爆炸式增长带来的大数据分析挑战[18]、数据处理效率挑战[19]、数据处理规模挑战、数据处理多样性挑战、数据存储挑战及数据安全性挑战等。有些专家和学者总结了当前大数据发展中存在的诸多挑战，主要包括：业务部门没有清晰的大数据需求，导致数据资产逐渐流失；企业内部数据孤岛严重，导致数据价值不能充分挖掘；数据可用性低、质量差，导致数据无法利用；数据相关管理技术和架构落后，导致不具备大数据处理能力；数据安全能力和防范意识差，导致数据泄露；大数据人才缺乏，导致大数据工作难以开展；大数据越开放越有价值，但缺乏大数据相关的政策法规，导致数据开放和隐私之间难以平衡，也难以更好地开放。

目前大数据的发展仍然面临许多问题，安全与隐私问题是人们公认的安全问题之一[20,21]。当前，人们在互联网上的一言一行，包括购物习惯、浏览网页习惯、好友联络习惯、阅读习惯和检索习惯等都掌握在互联网的商家手中。大数据安全与其他信息安全一样，在存储、处理和传输等过程中面临诸多安全风险，而且相比云计算、物联网等新型 IT（information technology，信息技术）安全不一样的是［虽然云计算的服务提供商控制了数据的存储和运行环境，但是用户仍然可以通过加密或者可信计算（trust computing，TC）等方式来保证数据的安全性］，大数据背景下的商家既是数据的生产者，又是数据的存储者、使用者和管理者。

大数据应用通常是一个包括数据收集、存储、共享和利用等多个环节、多种技术的庞大且复杂的系统，并且由于大数据应用场景的不同，这些环节和技术也将具有较大的差异。因此，大数据应用所要面对的安全问题也必然是各不相同的。然而，如同云计算是大数据的基础平台和支撑技术那样[21]，大数据的安全研究也不应该抛开现有安全技术来重新研究。目前，一些物联网的安全问题、云计算的安全问题等热点研究工作都应该作为大数据安全的关键支撑技术，但是这些问题和相关研究的归纳和总结在本书中不做详述。

1.2　大数据的概念、特征和内涵解析

在上述限定范围内，本节对大数据的概念和大数据应用的共性特征进行概述，并给出这些新特征带来的一些新的安全问题。

1.2.1　大数据的概念和特征

最早提出大数据时代到来的是全球知名咨询公司麦肯锡，该公司在《大数据：创新、竞争和生产力的下一个前沿》报告中称“数据，已经渗透到当今每一个行业和业务职能领域，成为重要的生产因素。人们对于海量数据的挖掘和运用，预示着新一波生产率增长和消费者盈余浪潮的到来”。报告中给出的大数据的定义是：大数据指的是其大小超出常规的数据库工具获取、存储、管理和分析能力的数据集。同时强调，并不是说一定要超过特定 TB 级的数据集才能算是大数据[3]。

大数据是继云计算、物联网之后，IT 行业又一大颠覆性的技术革命。

对于大数据，研究机构 Gartner 给出了这样的定义：大数据是需要新处理模式才能具有更强的决策力、洞察发现力和流程优化能力来适应海量、高增长率和多样化的信息资产。

亚马逊的大数据科学家 John Rauser 给出了一个简单的定义，即大数据是任何超过了一台计算机处理能力的数据量[21]。通过大数据处理分析词云图可以发现大数据的一些特点，如图 1-1 所示。

图 1-1　大数据处理分析词云图

大数据的定义到底是什么呢？大数据和以前的超大规模数据（very large scale data）、海量数据（massive data）有什么不同？大数据是一个比较抽象的概念，单纯从字面上理解这些词，即争论 very large 与 big 哪个更大，并没有什么意义。一般而言，大家比较认可关于大数据从早期的 3V（IBM 提出的 volume、velocity、variety）、4V（volume、velocity、variety、veracity）说法，到现在的 5V（volume、velocity、variety、veracity、value），如图 1-2 所示。实际上也就是大数据包含的 5 个特征，表示了 5 个层面意义。第一，数据体量巨大，指收集和分析的数据量非常大，从 TB 级别，跃升到 PB 级别，但在实际应用中，很多企业用户把多个数据集放在一起，已经形成了 PB 级的数据量。第二，处理速度快，需要对数据进行近实时的分析。以视频为例，连续不间断监控过程中，可能有用的数据仅有一两秒。这一点和传统的数据挖掘技术有着本质的不同。第三，数据种类多，大数据来自多种数据源，数据种类和格式日渐丰富，包含结构化、半结构化和非结构化等多种数据形式，如网络日志、视频、图片、地理位置信息等。第四，数据真实性，大数据中的内容是对真实世界的详细记录，研究大数据就是从庞大的网络数据中提取出能够解释和预测现实事件的过程。第五，价值密度低、商业价值高。通过分析数据可以知道如何抓住机遇及收获价值。

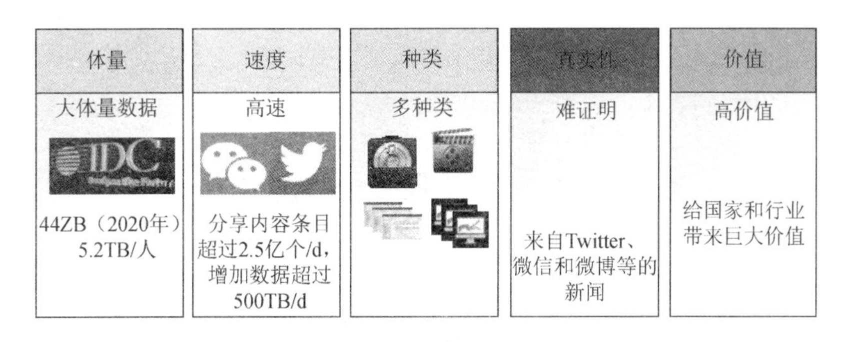

图 1-2 大数据的 5V 特征

维基百科对大数据的定义则简单明了：大数据是指利用常用软件工具捕获、管理和处理数据所耗时间超过可容忍时间的数据集。也就是说大数据是一个体量特别大，数据类别特别多的数据集，并且这样的数据集无法用传统数据库工具对其内容进行抓取、管理和处理。

对于大数据的概念，目前虽然描述不一，也没有一个明确的、统一的定义，但是多个企业、机构和数据科学家对于大数据存在一个普遍共识，即大数据的关键是在种类繁多、数量庞大的数据中，快速获取相应信息。

1.2.2 大数据内涵的解析

单独探讨大数据的概念并没有多少真正的价值和意义。大数据的真正意义在于使用数据，获取隐藏于数据背后未被发现的秘密和信息，其作用实质上是发现事物所隐藏的本质规律并预测未来。

根据来源的不同，大数据大致可分为如下几类[8]。

1）来源于人。人们在互联网活动及使用移动互联网过程中所产生的各类数据，包括文字、图片、视频等信息。

2）来源于机。各类计算机信息系统产生的数据，以文件、数据库、多媒体等形式存在，也包括审计、日志等自动生成的信息。

3）来源于物。各类数字设备所采集的数据，如摄像头产生的数字信号、医疗物联网中产生的人的各项特征值、天文望远镜所产生的大量数据等。

大数据包括结构化、半结构化和非结构化数据，非结构化数据越来越成为数据的主要部分。据互联网数据中心（Internet Data Center，IDC）的调查报告：企业中 80%的数据都是非结构化数据，这些数据每年都按指数增长 60%[22]。大数据就是互联网发展到现今阶段的一种表象或特征而已，没有必要神化它或对它保持敬畏之心，在以云计算为代表的技术创新大幕的衬托下，这些原本看起来很难收集和使用的数据开始容易被利用起来。通过各行业的不断创新，大数据会逐步为人类创造更多的价值[23]。

想要系统地认知大数据，必须要全面而细致地分解它，从三个层面着手展开，如图1-3所示。

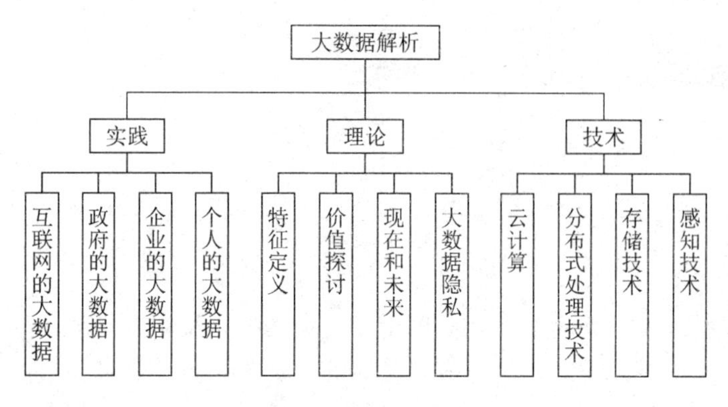

图1-3　大数据解析

第一层面是理论，理论是认知的必经途径，也是被广泛认同和传播的基线。从大数据的特征定义理解行业对大数据的整体描绘和定性描述；从大数据价值深入解析当前大数据的珍贵价值所在；从大数据的当前状况探讨未来发展趋势；从大数据隐私这个特别而重要的视角审视人和数据之间的长久博弈。

第二层面是技术，技术是大数据价值体现的手段和前进的基石。大数据技术分别从云计算、分布式处理技术（Hadoop 平台）、存储技术和感知技术的发展来说明大数据从采集、处理、存储到形成结果的整个过程。

第三层面是实践，实践是大数据的最终价值体现。大数据的应用实践分别从互联网的大数据、政府的大数据、企业的大数据和个人的大数据四个方面来描绘大数据已经展现的美好景象及即将实现的蓝图[23]。

目前大数据分析已应用于科学、医药、商业等各个领域，虽然用途差异巨大，但其目标可以归纳为如下几类[24]。

（1）获得知识与推测趋势

人们进行数据分析由来已久，最初且最重要的目的就是获得知识、利用知识。由于大数据包含大量原始、真实信息，大数据分析能够有效地摒弃个体差异，帮助人们透过现象更准确地把握事物背后的规律。基于挖掘出的知识，可以更准确地对自然或社会现象进行预测。典型的案例是Google公司的流感趋势（Google Flu Trends）网站。它通过统计人们对流感信息的搜索，查询Google服务器日志的IP地址判定搜索来源，从而发布对世界各地流感情况的预测[25]，如人们可以根据Twitter信息预测股票行情[26]等。

（2）分析掌握个性化特征

个体活动在满足某些群体特征的同时，也具有鲜明的个性化特征。正如“长尾理论”中那条细长的尾巴那样，这些特征可能千差万别。企业通过长时间、多维度的数据积累，可以分析用户行为规律，更准确地描绘其个体轮廓，为用户提供更好的个性化产品和服务，以及更准确的广告推荐。例如，Google 通过其大数据产品，对用户的习惯和爱好进行分析，帮助广告商评估广告活动效率，预估在未来可能存在高达数千亿美元的市场规模。

（3）通过分析辨识真相

错误信息不如没有信息。网络中信息的传播更加便利，所以网络虚假信息造成的危害也更大。例如，2013 年 4 月 24 日，美国联合通讯社（简称美联社）Twitter 账号被盗，发布虚假消息称总统奥巴马遭受恐怖袭击受伤。虽然虚假消息在几分钟内被禁止，但是仍然引发了美国股市短暂跳水。由于大数据来源广泛及其多样性，在一定程度上它可以帮助实现信息的去伪存真。目前，人们开始尝试利用大数据进行虚假信息识别。例如，社交点评类网站 Yelp 利用大数据对虚假评论进行过滤，为用户提供更为真实的评论信息[27]；Yahoo 和 Thinkmail 等利用大数据分析技术来过滤垃圾邮件[28]。

1.3　大数据技术

大数据处理技术正在改变当前计算机的运行模式，也在改变着这个世界，它能处理几乎各种类型的海量数据，无论是微博、电子邮件、文档、音频、视频的数据，还是其他形态的数据。大数据技术实时、高效、以可视化呈现结果，依托云计算将计算任务分布在大量计算机构成的廉价的资源池上，使用户能够按需获取计算资源、存储资源、网络资源和信息服务。云计算技术的应用使大数据的处理和利用成为可能。大数据作为信息金矿，对其采集、传输、处理和应用的相关技术就是大数据处理技术，即通过一系列非传统的工具来对大量结构化、半结构化和非结构化数据进行处理，从而获得分析和预测结果的一系列数据处理技术。

1.3.1　大数据与云计算、物联网之间的关系

大数据产生有其必然性，主要归结于互联网、移动设备、物联网和云计算等技术的快速崛起。要了解大数据的概念，就必须了解大数据与云计算、物联网、移动互联网之间的关系。《互联网进化论》一书中提出“互联网的未来功能和结构将与人类大脑高度相似，也将具备互联网虚拟感觉、虚拟运动、虚拟中枢、虚拟记忆神经系统”，并绘制了一幅互联网虚拟大脑结构图，形象生动地描绘了大数据、物联网、云计算等之间的关系，如图 1-4 所示[29]。

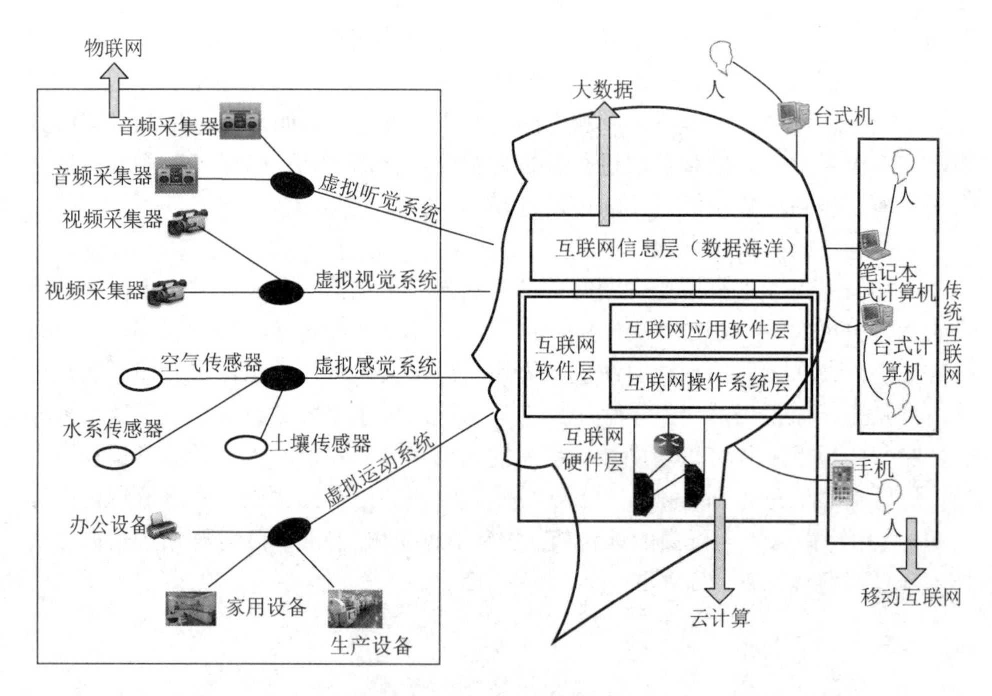

图 1-4　大数据、物联网、云计算、传统互联网和移动互联网关系图

从图 1-4 可以看出，物联网对应了云计算的感觉和运动神经系统，是数据的采集端；云计算是互联网的核心硬件层和核心软件层的集合，也是互联网中枢神经系统萌芽，还是数据的处理中心；大数据代表了互联网的信息层（数据海洋），是互联网智慧和意识产生的基础。物联网、传统互联网和移动互联网在源源不断地向互联网大数据层汇聚数据和接收数据。其中，大数据与云计算的关系如表 1-1 所示。

表 1-1　大数据与云计算的关系

类型	大数据	云计算
总体关系	着眼于“数据”，关注实际业务；为云计算提供用武之地	着眼于“计算”，关注 IT 解决方案，提供 IT 基础架构，看重数据处理能力；为大数据提供有力的工具和途径
相同点	目的：为数据存储和处理服务，需占用大量的存储和计算资源；技术：大数据根植于云计算	目的：为数据存储和处理服务，需占用大量的存储和计算资源；技术：云计算关键技术中的海量数据存储技术、海量数据管理技术、MapReduce 编程模型都是大数据技术的基础

续表

类型		大数据	云计算
不同点	背景	不能胜任社交网络、物联网产生的大量异构，但有价值数据	基于互联网服务日益丰富和频繁
	目标	充分挖掘海量数据中的信息	扩展和管理计算机软硬件资源
	对象	各种数据	IT 资源、能力和应用
	推动目标	从事数据存储与处理的软件厂商和拥有大量数据的企业	存储及计算设备的生产厂商和拥有计算及存储资源的企业
	价值	发现数据中的价值	节省 IT 资源部署成本

从表 1-1 中不难发现，大数据与云计算两者是相辅相成的。云计算和大数据实际上是工具与用途的关系，即云计算为大数据提供了有力的工具和途径，大数据为云计算提供了很有价值的用武之地。而物联网作为新一代 IT 的重要组成部分，是互联网的应用拓展，广泛应用于智能交通、环境保护、政府工作、公共安全、平安家居、智能消防、气象灾害预报、工业监测、个人健康、照明管控、情报收集等诸多领域。物联网、移动互联网和传统互联网每天都产生海量数据，为大数据提供数据来源，而大数据则通过云计算的形式，将这些数据分析处理，提取有用的信息，即大数据分析。

1.3.2　大数据技术框架

根据大数据处理的生命周期，大数据的技术体系涉及大数据采集与预处理、大数据存储与管理、大数据计算模式与系统、大数据分析与挖掘、大数据可视化分析及大数据隐私与安全几个方面[8,15,24]。图 1-5 所示为大数据技术的主要架构示意图。

（1）大数据采集与预处理

大数据的一个重要特点就是数据源多样化，包括数据库、文本、图片、视频、网页等各类结构化、非结构化及半结构化数据。因此，大数据处理的第一步是从数据源采集数据并进行预处理和集成操作，为后继流程提供统一的高质量的数据集。现有数据抽取与集成方式可分为以下四种类型：基于物化或 ETL（extract transform load，抽取、转换、加载）引擎方法、基于联邦数据库引擎或中间件方法、基于数据流引擎方法和基于搜索引擎方法[30]。常用 ETL 工具负责将分布的、异构数据源中的数据，如关系数据、平面数据等抽取到临时中间层后进行清洗、转换、集成，最后加载到数据仓库或数据集市中，成为联机分析处理（on-line analytical processing，OLAP）、数据挖掘的基础。由于大数据的来源众多，异构数据源的集成过程中需要对数据进行清洗，以消除相似、重复或不一致数据。文献[30,31]中数据清洗和集成技术针对大数据特点，提出非结构化或半结构化数据的清洗及超大规模数据的集成方案。

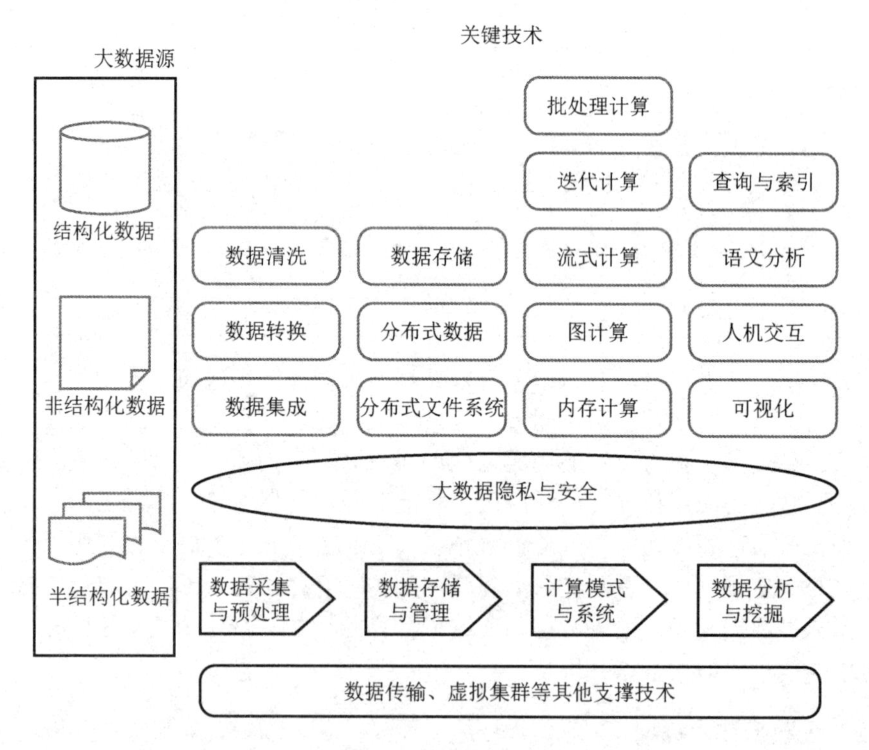

图 1-5　大数据技术的主要架构示意图

（2）大数据存储与管理

数据存储与大数据应用密切相关。大数据给存储系统带来三个方面的挑战：第一，存储规模大，通常达到 PB 甚至 EB 量级；第二，存储管理复杂，需要兼顾结构化、非结构化和半结构化的数据；第三，数据服务的种类和水平要求高[15]。大数据存储与管理，需要对上层应用提供高效的数据访问接口，存取 PB 甚至 EB 量级的数据，并且对数据处理的实时性、有效性提出更高要求，传统常规技术手段根本无法应付。某些实时性要求较高的应用，如状态监控，更适合采用流处理模式，直接在清洗和集成后的数据源上进行分析。而大多数其他应用需要存储，以支持后续更深度数据分析流程。根据上层应用访问接口和功能的侧重不同，存储和管理软件主要包括文件系统和数据库。目前大数据环境下，最适用的技术是分布式文件系统、分布式数据库及访问接口和查询语言[15]；一批新技术提出来应对大数据存储与管理的挑战，这方面代表性的研究包括分布式缓存（包括 CARP、mem-cached）、基于大规模并行处理（massively parallel processor，MPP）的分布式数据库、分布式文件系统［谷歌文件系统（Google file system，GFS）[32]、Hadoop 分布式文件系统（Hadoop distributed file system，HDFS[33]）］，各种 NoSQL 分布式存储方案[34]（包括 Mongodb、CouchDB、HBase、Redis、Neo4j 等）。各大数据库厂商，如 Oracle、IBM、Greenplum 都已经推出支持分布式索引和查询的产品。

（3）大数据计算模式与系统

大数据计算模式是指根据大数据的不同数据特征和计算特征，从多样性的大数据计算问题和需求中提炼并建立的各种高层抽象或模型，它的出现有力推动了大数据技术和应用的发展，如 Google 公司的 MapReduce（一个并行计算编程模型）[35]、伯克利（Berkeley）大学著名的 Spark 系统中的分布内存抽象（a distributed memory abstraction，RDD）[36]、CMU 著名的图计算系统 GraphLab 的图并行抽象（graph parallel abstraction）[37]等。大数据处理的主要数据特征和计算特征维度包括数据结构特征、数据获取方式、数据处理类型、实时性或响应性能、迭代计算、数据关联性和并行计算体系结构特征。根据大数据处理多样性需求和上述特征维度，目前已有多种典型、重要的大数据计算模式和相应的大数据计算系统和工具[38]。典型大数据计算模式与系统在文献[15]中有详细介绍。其中，大数据查询分析计算模式是为应对数据体量极大时提供的实时或准实时的数据查询分析能力，以满足企业日常的经营管理需求。大数据查询分析计算的典型系统包括 Hadoop 下的 HBase 和 Hive、Facebook 开发的 Cassandra、Google 公司的交互式数据分析系统 Dremel[39]、Cloudera 公司的实时查询引擎 Impala。最适合完成大数据批处理的计算模式是 Google 公司的 MapReduce。当前，MapReduce 已成为世界最为流行的大数据处理工具。MapReduce 的推出给大数据并行处理带来了巨大的革命性影响，其已经成为事实上的大数据处理的工业标准。尽管 MapReduce 还有很多局限性，但人们普遍认为，MapReduce 是目前为止较为成功、广为接受和较易于使用的大数据并行处理技术。国内近年来虽然也有很多大的 IT 公司，如百度、腾讯、阿里巴巴开始构建自己的大数据分析平台和系统，但是在竞争力、规模性和影响力方面略显逊色。

流式计算是一种实时性的计算模式，需要对一定时间窗口内应用系统产生的新数据完成实时的计算处理，避免数据堆积和丢失。尽可能快地对最新数据做出分析并给出结果是流式计算的目标。采用流式计算的大数据应用场景有网页点击数实时统计、传感器网络、电力、金融交互、道路监控等，以及互联网行业的访问日志处理，都同时具有高流量的流式数据和大量积累的历史数据，因而在提供批处理数据模式的同时，系统还需要具备高实时性的流式计算能力。Facebook 的 Scribe 和 Apache 的 Flume 都提供相应机制构建日志数据处理流图。比较有代表性的流式计算开源系统包括 Twitter 的 Storm、Yahoo 的 S4[40]、LinkedIn 的 Kafka[41]及 Berkeyly AMPLab 的 Spark Steaming[42]。原始的 MapReduce 编程模型并不能很好地支持迭代计算，计算代价较大，而迭代计算是图计算、数据挖掘等领域常见的运算模式。为了克服 MapReduce 难以支持迭代计算的缺陷，Hadoop 将迭代控制放到 MapReduce 作业执行的框架内部，通过各个 tasktracker 对数据进行缓存和创建索引，以减少迭代间的数据传输的 I/O 磁盘开销[43]。Twister 系统[44]则将 Hadoop 全部数据存放在内存中，引入可缓存的 Map 和 Reduce 对象。iMapReduce 在此基础上保持 Map 和 Reduce 任务的持久性，规避启动和调度开销[45]。iHadoop 实现了 MapReduce 的异步迭代，但在 task 之间复用上无多大改进[46]。具有快速和灵活的迭代计算能力的典型系统是加州大学伯克利分校的 AMP 实验室的 Spark[36]，其将中间结果放在内存中实现快速的迭代计算，适用于异步细粒度更新状态应用。图是用来表示真实社会事物之间广泛存在联系的一种有效手段，在社交网络、Web 链接关系、各种社会关系等方面存在大量图数据，这些图数据规模通常达到数十亿个顶点和上万亿的边数。面对如此大的数据规模和非常复杂的数据关系，如何对它们进行高效处理成为一个巨大的挑战。目前出现的分布式图计算系统，主要有 Google 公司的 Pregel[47]，Hadoop 的开发商 Yahoo 对 Pregel 的开源实现 Giraph，微软基于内存的分布式图数据库系统 Trinity[48]，Berkeley AMPLab 的 GraphX[49]、InfiniteGraph[50]及 CMU 的 GraphLab，以及目前性能最快的图数据系统 PowerGraph[37]等。内存计算是指 CPU（central processing unit，中央处理器）直接从内存，而不是硬盘上读取数据，并进行计算、分析，是对传统数据处理方式的一种加速。内存计算非常适合处理海量数据，以及需要实时获得结果的数据。随着 IT 的高速发展，计算机硬件的价格持续下降，使内存价格低但内存容量高成为可能，用内存计算完成实时的大数据处理已成为大数据计算的一个重要发展趋势。分布式内存计算的典型开源系统是 Spark，SAP 公司的 Hana 则是一个全内存式的基于开放式架构设计的内存计算系统，也是一个高性能的大数据管理平台，如 Oracle 的 TimesTen、IBM 的 SolidDB。

（4）大数据分析与挖掘

由于大数据环境下数据呈现多样化、动态异构，而且比小样本数据更有价值等特点，因此需要通过大数据分析与挖掘技术来提高数据质量和可信度，帮助理解数据的语义，提供智能的查询功能。针对大数据环境非结构化或半结构化的数据挖掘问题，文献[51]提出针对图片文件的挖掘技术，文献[52]提出一种大规模文本文件的检索与挖掘技术。针对传统分析软件扩展性差及 Hadoop 分析功能薄弱的特点，IBM 公司对 R 和 Hadoop 进行集成[53]。R 是开源的统计分析软件，通过 R 和 Hadoop 深度集成，可进行数据挖掘和并行处理，使 Hadoop 获得强大的深度分析能力。另外，有研究者实现了 Weka（一种类似 R 的开源数据挖掘工具软件）和 MapReduce 的集成，可实现大数据的分析与挖掘。

（5）大数据可视化分析

综上可知，大数据时代数据的数量和复杂度的提高带来了对数据探索、分析和理解的巨大挑战。数据分析是大数据处理的核心，但是用户往往更关心结果的展示。如果分析的结果正确但是没有采用适当的解释方法，则所得到的结果很可能让用户难以理解，极端情况下甚至会误导用户。由于大数据分析结果具有海量、关联关系极其复杂等特点，采用传统的解释方法基本不可行。目前常用的方法是可视化技术和人机交互技术：①可视化技术能够迅速和有效地简化与提炼数据流，帮助用户交互筛选大量的数据，有助于用户更快更好地从复杂数据中得到新的发现。用形象的图形方式向用户展示结果，已作为最佳结果展示方式之一率先被科学与工程计算领域采用。常见的可视化技术有原位分析（in situ analysis）、标签云（tag cloud）、历史流（history flow）、空间信息流（spatial information flow）、不确定性分析（uncertainty analysis）等。可以根据具体的应用需要选择合适的可视化技术。现有研究如文献[54,55]，通过数据投影、维度降解和电视墙等方法来解决大数据显示问题。②以人为中心的人机交互技术也是解决大数据分析结果的一种重要技术，让用户能够在一定程度上了解和参与具体的分析过程。既可以采用人机交互技术，利用交互式的数据分析过程来引导用户逐步进行分析，使得用户在得到结果的同时更好地理解分析结果的由来；也可以采用数据起源技术，通过该技术可以帮助追溯整个数据分析过程，有助于用户理解结果。

（6）大数据隐私与安全

当前大数据的发展仍然面临着许多问题，安全和隐私问题是人们公认的关键问题之一[24]。其中，隐私问题由来已久，计算机的出现使越来越多的数据以数字化的形式存储在计算机中，互联网的发展则使数据更加容易产生和传播，数据隐私问题越来越严重。大数据在存储、处理、传输等过程中面临安全风险，具有数据安全和隐私保护需求。而实现大数据安全与隐私保护，较其他安全问题（如云安全中数据安全等）更为棘手。

大数据技术呈现出的安全隐私问题主要包括[15，56]：①大数据时代的安全与传统安全相比更加复杂；②使用过程中的安全问题；③对大数据分析要求较高的企业和团体，面临更多的安全挑战；④基于位置的隐私数据暴露严重；⑤缺乏相关的法律法规保障；⑥大数据的共享问题；⑦数据动态性；⑧多元数据的融合挑战。

目前针对上述问题，主要解决方法包括[15,24]中间件访问控制技术、基础设备加密、匿名化保护技术、加密保护技术、数据水印技术、数据溯源技术、基于数据失真的技术、基于可逆的置换算法。

1.4　大数据环境下面向服务的安全问题

当认识到大数据的价值后，人们开始在公共卫生、商业、科学研究等领域开展大数据分析技术服务[8,20,57]。例如，淘宝、天猫等电商为了应对“双 11 购物狂欢节”暴增的交互（交易）量，采用大数据分析技术对往年用户的消费情况及购物节前用户浏览、关注、收藏的商品等数据进行分析，从而进行充分的备货。又如，IBM 与北京同仁医院合作，建立了对临床、运营、科研、考核等数据的大数据分析系统，以更好地服务患者[58]。可以预测，随着大数据分析技术的应用推广，数据会变得越来越重要，它将成为一种与矿产和石油一样的巨大经济资产[20]。

然而人们在利用大数据创造价值的同时，也被大数据带来的安全问题所困扰。相对于普通数据信息，大数据在收集、存储、共享和利用等环节都面临着更为严重的安全威胁。这是由于大数据环境中数据和计算能力通常都是充足的，分散在大数据的各种数据集中的敏感信息可以被更轻松地获得，并进行关联分析[59]。例如，“棱镜门”和“查开房记录”等事件就充分说明了大数据时代数据安全问题可能对国家、组织、个人造成的重大影响。因此，人们对大数据安全和隐私保护的需求是非常迫切的。如果这些问题不尽快解决，将妨碍企业对大数据服务的使用。

传统的网络安全威胁和挑战包括但不限于下列情况[60]。

1）窃听：截取并阅读发给其他用户的信息。

2）假冒：使用其他用户的 ID（identification，身份识别）来发送和接受信息。

3）消息篡改：截取并改动发给其他用户的信息。

4）重演：使用以前发送过的信息来获取其他用户的特权。

5）渗透：滥用某个用户的授权来运行敌对的或恶意的程序。

6）拒绝服务：妨碍授权用户访问各种资源。

7）病毒与蠕虫：宏病毒或附件病毒、Morris 蠕虫等。

可以用来解决上述问题的安全技术如下。

1）加密（RSA 加密、算法、秘钥、加密标准等）。

2）密码术（把信息隐藏在文字中）。

3）信息隐藏术（把信息隐藏在图片或媒体中）。

4）秘密信息共享（算法，对称秘钥、非对称秘钥等）。

5）数字签名与标准。

6）认证（数字认证、身份验证、公钥）。

7）授权（控制对特定信息或资源的访问）。

8）数据完整性（接受者可以监测某消息的内容是否被改动过）。

9）入侵检测。

目前，上述安全技术对当前传统电子商务已经比较成熟，且多数技术已经实现了标准化[56]。另外，安全研究在下列领域中（不仅限于这些领域）仍然非常活跃。

1）电子支付（电子钱包和双重签名等）。

2）电子货币（盲签名、货币和双重开销等）。

3）Web 安全［HTTP 消息、消息头泄露和安全套接层（secure sockets layer，SSL）等］。

4）服务器安全（数据和数据库安全及版权保护等）。

5）客户端安全（隐私侵犯和匿名通信）。

6）移动代理安全（代理保护、恶意代理、攻击服务器、沙箱加密跟踪）。

7）移动商务安全［全球移动通信系统（global system for mobile communication，GSM）安全和订户 ID 认证等］。

8）智能卡安全［SIM（subscriber identification module，用户身份识别）卡等］。

9）通信安全［防火墙、安全协商、虚拟专用网（virtual private network，VPN）和网络层安全］。

10）数据、数据库和信息安全［三重密钥、希波克拉底（Hippocratic）数据库］。

11）安全策略（国际法律法规、安全实施）。

12）安全管理（基础设施、网络、应用和数据库）。

13）计算机证据（电子证据、专家见证等）。

14）风险和应急响应。

15）隐私（保护个人身份和信息，并允许他们控制对自己信息的访问）。

综上可以发现，安全是提供一个免受攻击的环境和可靠的通信，并且使终端用户和企业免受入侵。而人们平时所提到的信任则是一个人或代理在某个时间的特定活动中对另一个人或代理的信念或忠诚。为了在匿名分布式环境中获取其他实体的信任，可能需要建立安全机制来提供对受屏蔽的通信或信息的保护[61]。可见，安全和信任是两个截然不同的概念。

但是大数据时代的安全与传统信息安全相比更加复杂，具体体现在三个方面：第一，大量的数据汇集，包括大量的企业运营数据、客户信息、个人的隐私和各种行为的细节记录，这些数据的集中存储增加了数据泄露风险；第二，因为一些敏感数据的所有权和使用权并没有被明确界定，很多基于大数据的分析都未考虑到其中涉及的个体隐私问题；第三，大数据对数据完整性、可用性和秘密性带来挑战，在防止数据丢失、被盗取、被滥用和被破坏上存在一定的技术难度，传统的安全工具不再像以前那么有用。

科学技术是一把双刃剑，企业、社会和个人必须考虑大数据所引发的安全问题。通过分析和总结，当前大数据安全面临的挑战性问题归纳为以下几个方面。

（1）大数据中的用户隐私保护

大量事实表明，大数据未被妥善处理会对用户的隐私造成极大的侵害。根据需要保护的内容不同，隐私保护又可以进一步细分为位置隐私保护、标识符匿名保护、连接关系匿名保护等。人们面临的威胁并不仅限于个人隐私泄露，还在于基于大数据对人们状态和行为的预测。一个典型的例子是某零售商通过历史记录分析，比家长更早知道其女儿已经怀孕的事实，并向其邮寄相关广告信息。而社交网络分析研究也表明，可以通过其中的群组特性发现用户的属性。例如，通过对微信（WeChat）的信息分析，可以查看任意时间段内用户数的增长、取消关注和用户属性等统计信息，从而了解朋友圈的兴趣度、公众号的影响力，以及对危机的预警等。再如，通过分析用户的微信、Twitter 信息，可以发现用户的政治倾向、消费习惯及喜好的球队等[62,63]。如果人们想尝试获取大量的数据然后对其进行分析，可以利用微信、Twitter、Facebook 等社交平台获得相当大的帮助。同时，Twitter 的数据也是非常具体的，它的 API 接口允许人们进行复杂的查询，如获取最近 20min 内关于某个指定话题的每一条微博，或者是获取某个用户非转发的微博等。

当前企业常常认为经过匿名处理后，信息不包含用户的标识符，就可以公开发布了。但事实上，仅通过匿名保护并不能很好地达到隐私保护的目的。例如，AOL 公司曾公布了匿名处理后的 3 个月内部分搜索历史，供人们分析使用。虽然个人相关的标识信息被精心处理过，但其中的某些记录项还是可以被准确地定位到具体的个人。例如，纽约时报随即公布了其识别出的 1 位用户，如编号为 4417749 的用户是一位 62 岁的寡居妇人，家里养了 3 条狗，患有某种疾病等。另一个相似的例子是，著名的 DVD 租赁商 Netflix 曾公布了约 50 万名用户的租赁信息，悬赏 100 万美元征集算法，以期提高电影推荐系统的准确度。但是当上述信息与其他数据源结合时，部分用户还是被识别出来了。研究者发现，Netflix 中的用户有很大概率对非 Top100、Top500、Top1000 的影片进行过评分，而根据对非 Top 影片的评分结果进行去匿名化（de-anonymizing）攻击的效果更好[64]。

目前用户数据的收集、存储、管理与使用等均缺乏规范，更缺乏监管，主要依靠企业的自律。用户无法确定自己隐私信息的用途。而在商业化场景中，用户应有权决定自己的信息如何被利用，实现用户可控的隐私保护。例如，用户可以决定自己的信息何时以何种形式披露，何时被销毁，具体包括：

1）数据采集时的隐私保护，如数据精度处理；

2）数据共享、发布时的隐私保护，如数据的匿名处理、人工加扰等；

3）数据分析时的隐私保护；

4）数据生命周期的隐私保护；

5）隐私数据可信销毁等。

（2）大数据的可信性

关于大数据的一个普遍的观点是，数据可以说明一切，数据自身就是事实。但实际情况是，如果不仔细甄别，数据也会欺骗人们，就像人们有时会被自己的双眼欺骗一样。大数据的可信性的威胁包括以下两个方面。

一是伪造或刻意制造的数据，而错误的数据往往会导致错误的结论。若数据应用场景明确，就可能有人刻意制造数据、营造某种假象，诱导分析者得出对其有利的结论。虚假信息往往隐藏于大量信息中，使得人们无法鉴别真伪，从而做出错误判断。例如，一些点评网站上的虚假评论，混杂在真实评论中使用户无法分辨，可能误导用户去选择某些劣质商品或服务。由于当前网络社区中虚假信息的产生和传播变得越来越容易，其所产生的影响不可低估。用信息安全技术手段鉴别所有来源的真实性是不可能的。

二是数据在传播中的逐步失真。原因之一是，人工干预的数据采集过程可能引入误差，导致数据失真与偏差，最终影响数据分析结果的准确性。此外，数据失真还有数据的版本变更的因素。在传播过程中，现实情况发生了变化，早期采集的数据已经不能反映真实情况。例如，某餐馆的电话号码已经变更，但早期的信息已经被其他搜索引擎或应用收录，所以用户可能看到矛盾的信息而影响其判断。因此，大数据的使用者应该有能力基于数据来源的真实性、数据传播途径、数据加工处理过程等，了解各项数据的可信度，防止分析得出无意义或者错误的结果。

密码学中的数字签名、消息鉴别码等技术可以用于验证数据的完整性，但当其应用于大数据的真实性时，面临较大困难，主要根源在于数据粒度的差异。例如，数据的发源方可以对整个信息签名，但是当信息分解成若干组成部分时，该签名无法验证每部分的完整性。而数据的发源方无法事先预知哪些部分被利用、如何被利用，难以事先为其生成验证对象。

（3）实现大数据访问控制

访问控制是实现数据受控共享的有效手段。由于大数据可能被用于多种不同场景，其访问控制需求十分突出。大数据访问控制的特点与难点如下。

1）难以预设角色，实现角色划分。由于大数据应用范围广泛，它通常要为来自不同组织或部门、不同身份与目的的用户所访问，实施访问控制是基本需求。然而，在大数据的场景下，有大量的用户需要实施权限管理，且用户具体的权限要求未知。面对未知的大量数据和用户，预先设置角色十分困难。

2）难以预知每个角色的实际权限。由于大数据场景中包含海量数据，安全管理员可能缺乏足够的专业知识，无法准确地为用户指定其可以访问的数据范围。另外，从效率角度讲，定义用户所有授权规则也不是理想的方式。以医疗领域应用为例，医生为了完成其工作可能需要访问大量信息，但对于数据能否被访问应该由医生来决定，不应该由管理员对每个医生做特别的配置；同时又应该能够提供对医生访问行为的检测与控制，限制医生对病患数据的过度访问。此外，不同类型的大数据中可能存在多样化的访问控制需求。例如，在 Web 2.0 个人用户数据中，存在基于历史记录的访问控制；在地理地图数据中，存在基于尺度及数据精度的访问控制需求；在流数据处理中，存在数据时间区间的访问控制需求等。如何统一地描述与表达访问控制需求也是一个挑战性问题。

1.5　大数据环境下网络应用服务面临的信任与安全问题

“没有信任，就没有大数据”[20]。针对大数据时代存在的安全问题，可以发现信任管理作为传统的IT应用及服务的经典安全保障和措施，虽然不是大数据应用的“万能盾牌”，但它却是公认的确保数据使用和安全共享的重要手段之一。另外，从当前的研究和使用来看，其在大数据环境下的云计算、物联网、社会网络、移动互联网服务及电子商务等多种新型网络应用服务领域中仍然具有广阔的发展前景。

在云计算中，用户和云服务提供商之间缺乏必要的信任基础，造成用户对云计算产生安全性和可靠性的担忧，使用户对云计算缺乏必要的信心。在物联网中，物物相联、数据信息共享必然成为一种趋势，因此，结点对网络服务的可信性成为衡量能否进行数据交互共享的一个重要因素。然而通过对当前已有工作的研究和总结，可以发现当前大数据环境下服务应用的信任模型中还存在以下不足之处。

1）大数据环境下的应用是与人进行交互的，因而信任环境实际上是以人类社会关系为中心的认知计算环境，其优势是充分将人的智能、情感及社会关系融合到信任计算中。然而，现有信任计算模型在计算信任时，大多缺乏对人的社会关系、情感因素的考虑，因而信任计算存在刚性有余而柔性不足的问题，从而也使系统存在可扩展性较差的问题。

2）现有大数据环境下面向服务的信任管理模型主要是针对交互（交易）双方结点进行信任评价，普遍的做法是将结点的交互（交易）信任值作为判断其可信性的依据。虽然这一做法缺乏对结点充当不同角色时具有不同信任关系的考虑，从而形成结点的交互信任值高，其推荐也更可信的问题，但是这种做法在当前的实际应用中是值得商榷的。同时这也给很多恶意结点（malicious node）带来了犯罪机会，另外也会造成网络中出现“推荐寡头结点”的问题，给网络的健康发展带来较大的隐患。

3）现有的信任计算模型中，特别是在电子商务应用服务中，缺乏对反馈信息中评价内容的详细区分，混淆了结点的推荐信任和交互信任，从而造成对结点的推荐信任和交互信任的使用不加区分，使结点的推荐信任综合计算不够准确。

4）从社会心理学的角度可以知道，当网络中参与评价反馈的结点越多时，结点的恶意行为越能被其他良性结点所抑制。因此，采用有效的奖惩-激励机制将能更好地刺激结点进行推荐或评价反馈。但在现有的信任计算模型中，主要是降低结点的信任值来惩罚结点的恶意行为。良好激励策略的缺乏，易造成大量结点缺乏积极参与评价反馈的热情和兴趣，造成对结点恶意行为的抑制不够理想的问题。

5）针对网络中的海量服务交互结点，如何选取合适的理想目标结点进行交互是当前面临的一个重要问题，虽然目前主要是根据交互结点的服务质量来选取相应交互结点，但是网络存在虚拟性、动态性等特点，往往忽略了对交互结点的信任的考虑，这样就可能给某些结点的恶意欺骗等行为带来了机会，特别是在淘宝网、eBay这样的电子商务系统中情况尤为突出。

从这些问题中可以发现，在大数据时代背景下，云计算、物联网、社会网络、移动互联网、电子商务等各种应用依然面临着严重的信任安全问题。

1.6　大数据环境下信任研究的目的和意义

信任之于人类，正如阳光、空气和水之于生命，是人类从远古时代到现代社会不断探索和追求的一种人与人之间的行为准则，也是人类社会历史变迁中不断探讨的一个课题。在现代社会中，信任是构建良好社会关系的基础，也是人类组织和人类个体间关系存在的前提，还是人类合作的动力与源泉。没有信任，就难以进行真正具有创造性的合作。

随着信息科学技术的飞速发展，人类行为活动被延伸到以计算机网络为主的虚拟环境下。传统物理世界中的人类交互活动逐渐映射为各种网络交互活动，科研工作者也乐此不疲地追逐着从现实世界到虚拟世界的这种演变。同时，不同领域的研究者们还在不断探索着网络中的各种表现所隐藏的人类行为活动的内在机制和原理，并运用多种方法来解决网络上存在的各式各样的问题。考虑到在任何相互的关系中信任都是一个至关重要的组成部分，如在匿名、伪匿名或非匿名的分布式网络应用环境中，信任将对服务质量起到关键性的作用。因此，将信任机制引入计算机科学领域中，以确保人类网络活动的安全性和可靠性，成为当前大数据环境下新型网络应用系统的一个重要研究方向。

本书就是在此背景下，结合和参考当前大数据环境下的多种应用服务（如社会网络、物联网、电子商务等）的信任安全和管理进行研究，对信任在网络应用中的现状和存在的问题进行详细、深入的分析，对信任机理进行系统的研究，并通过定性分析和定量计算相结合的方式深入探讨信任对安全的影响。同时，对服务系统中存在的一些关键性技术问题展开全面深入的相关研究，通过对相关的关键性技术进行研究，为大数据价值的挖掘和使用提供一个安全可信的平台，并为后续的科学研究工作奠定良好的基础。

1.7　大数据环境下信任研究的内容及创新点

1.7.1　大数据环境下信任研究的内容及框架

本书是在多年的研究基础上，经过详细总结以往科研成果和当前最新科研进展，最终整理而成的一个信任管理理论方面的科研专著。通过梳理相关理论和科研历史渊源及发展，可以将本书的组织结构规划和设计如下。

第 1 章介绍了当前大数据环境下各种新型网络应用服务中所面临的机遇、挑战和问题，介绍了大数据的时代背景；介绍了大数据的概念和特征，解析了大数据的内涵；介绍了当前大数据分析中用到的主流技术和框架；分析了当前大数据环境下多种网络应用所面临的信任安全问题和挑战，大数据环境下的网络应用服务面临的信任安全问题，以及研究信任安全对大数据环境下的多种新型网络应用所具有的价值和意义；最后给出了本书的整体布局和框架结构。

第 2 章介绍了信任管理和计算理论；引入了信任的概念，分析信任的特征及当前信任面临的环境；介绍了信任关系，信任关系的划分，信任、信用和信誉的区别和联系；介绍了传统的可信计算存在的问题，并详细介绍了信任管理模型；详细分析了当前国内外网络应用服务中信任管理的研究现状。

第 3 章根据大数据环境下多种网络应用系统服务中存在的信任安全问题，通过分析，提出了大数据环境下的动态信任计算总体架构和其中关键性构件之间的关系；同时简述了结点信任计算的通用方法和其中的关键技术，并在后续章节逐一详细介绍。

第 4 章根据以往信任模型中存在的恶意欺诈和协同推荐问题，提出了适合小规模服务的基于服务内容本体概念相似度的推荐信任方法。该方法充分考虑了人类社会关系对交互的影响，通过区分熟人结点推荐和陌生人结点推荐其信任度的不同，避免了主观假设信任值高的结点其推荐也更可信的问题，使模型更符合现实情况。同时考虑结点的不同偏好造成每次交互内容的偏差带来的信任计算的偏差，通过引入交互服务领域本体的概念，以其交互内容的本体概念相似度作为推荐信任的一个权因子，较好地解决了推荐的可信性问题。提出了基于服务内容用途的分层次交互服务领域本体构建法，构建出相应的交互商品领域本体，并计算出领域本体的概念相似度。

第 5 章针对第 4 章依靠服务内容本体概念相似度来保证结点的可信性存在粒度过粗和适合小规模服务的局限性问题，提出了基于服务多属性相似度的推荐信任方法。通过对影响服务的多个属性的相关研究和计算，保证了服务推荐的可信性；同时提出了基于信息论与启发式规则的服务内容概念相似度算法，保证了概念相似度计算的准确性，继而确保了对服务提供者信任计算的安全性，较好地预防了协同推荐作弊和策略性欺骗的问题。

第 6 章根据以往信任模型中存在对推荐可信性未加考虑的情况，以及可能引起的安全问题，提出了基于马尔可夫链的多属性推荐信任评价方法，通过该方法较好地保证了结点的推荐可信性。

第 7 章提出了基于推荐信任和竞标-激励机制的服务结点选取综合评价模型。在分析了存在的主要问题后，提出了竞标-激励策略，构建了社会网络环境下基于竞标-激励机制的结点评价决策框架，并给出了相应算法，以及相应的实验结果和分析。

第 8 章介绍了区块链技术与信任管理。在介绍了区块链的技术原理后，详细地介绍了区块链核心技术及其应用，同时也详细分析说明了区块链和信任管理之间的区别和联系。

第 9 章介绍了动态信任管理总结和技术发展趋势。

本书的框架结构图如图 1-6 所示。

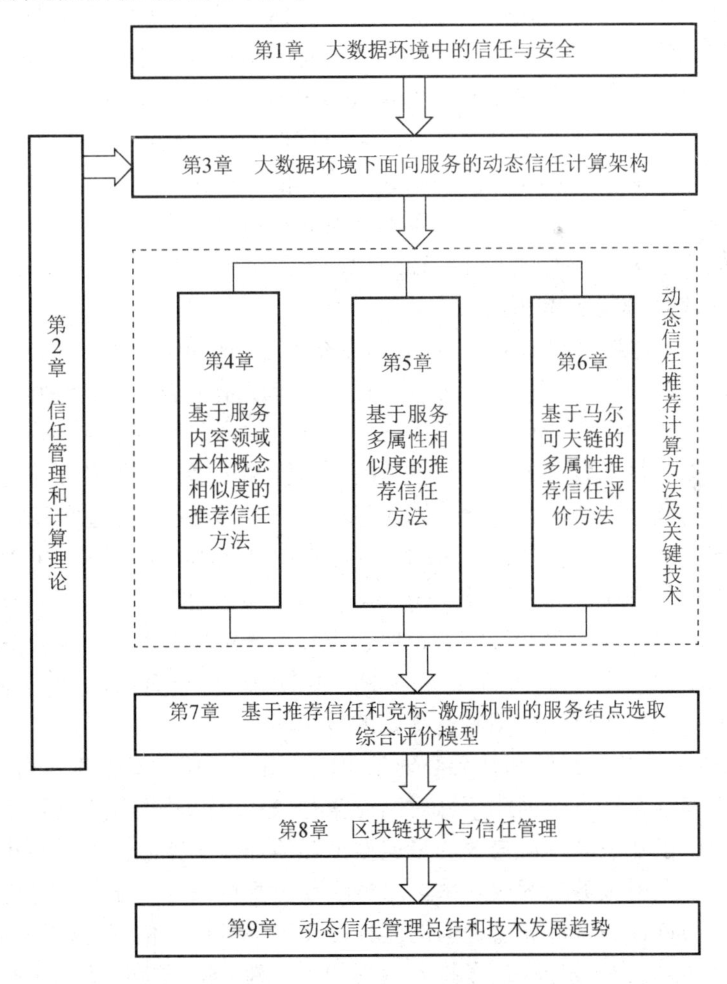

图 1-6　大数据环境下面向服务的信任管理与计算的框架结构图

1.7.2　本书的主要创新点

本书主要针对大数据环境下面向服务的信任管理和计算进行了详细的阐述和讨论。对当前云计算、物联网、移动互联网、电子商务等大数据应用模式中如何保证数据、服务的可信性问题展开了全面细致的论述。本书详细分析了现有大数据信任管理模型中存在的不足，综合运用社会学、心理学、经济学、管理学和统计学的思想，从人的认知角度出发，通过对大数据环境下网络系统中结点间的信任关系计算模型和关键技术的研究，来解决当前网络中脆弱的信任关系所引发的数据应用和服务交互安全问题。本书的主要贡献包括如下几点。

1）针对网络信任计算中缺乏对人的社会关系、情感因素的考虑，本书充分利用社会关系对信任的影响，从人的认知角度出发，将人在社会关系中的熟悉度作为影响信任的重要因子引入信任计算中，充分体现了结点的熟悉度越高，其交互和推荐的可信性也越高的特征；同时，考虑每个结点具有不同喜爱偏好的情感因素会使每次的交互内容存在差异，引入服务内容本体概念相似度计算来体现推荐的差异性，使结点的社会关系、情感因素对信任的影响较好地映射和运用到系统中，解决了信任的柔性化计算问题和系统推荐的可信性问题。从实验结果来看，引入社会关系、情感因素和交互内容本体概念相似度计算后，在抑制结点恶意欺诈行为方面 DOCSRTrust 方法相比 EigenRep 模型，其效果提高了 10%；与普通模型相比，其效果提高了 30%以上。

2）在当前新型网络应用中，针对结点充当不同角色时具有不同的信任关系，通过详细区分结点的交互信任和推荐信任，提出了基于服务多属性相似度的推荐信任计算方法，通过区分结点推荐信任中的服务与当前服务请求结点请求的服务内容之间的差异性，较好地保证了推荐的相似性和可信性，避免了推荐信任计算不够准确的问题，对结点的推荐作弊具有较好的抑制效果。通过实验发现在第 25 个周期时该方法对于抑制推荐作弊的交互成功率是 75%，较之在第 20 个周期时的 87.6%，下降了 12.6%，同时相比 EigenRep 模型和普通类型对于推荐作弊行为的遏制效果分别提高了 14%和 20%，说明该方法对于策略型的欺诈结点具有更好的敏感性和抑制性。对于抑制协同作弊实验，本书的模型与 Hassan 模型相比成功率高出了 18%，说明本书的模型具有更好的效果。

3）从以往的社会经验和社会心理学角度来看，网络中结点都具有两个角色，即交互结点和推荐结点。因此，针对结点交互信任度高其推荐也更可信的认识缺陷，本书提出了基于马尔可夫链的多属性推荐信任评价方法，通过对推荐可信性指标的分析，采用服务推荐成功率、服务结点自身可信性、服务推荐能力进化度和结点推荐与推荐综合计算值之间的差异度作为衡量推荐信任可信性的度测指标（metric indexes），有效地保证了推荐信任的可信性，同时提出了基于马尔可夫链的推荐能力进化度评估算法，利用结点推荐服务进步程度作为服务质量评价的一项重要指标，有效抑制了“推荐寡头”的产生，解决了信任度高的结点其推荐始终占优的问题，保证了网络的公平性。从结点的推荐平均准确度实验、推荐能力进化度实验、结点的推荐成功率实验可知，本书的模型都表现出良好的效果。

4）针对当前信任模型中缺少对交互结点和推荐结点的奖惩-激励机制，引入了竞标机制，提出了基于竞标策略的动态激励模型。通过竞标的思想，利用激励策略调动网络中结点积极服务以获得相应利益，同时针对以往信任计算模型中缺乏在海量结点中选取理想交互结点的问题，提出了基于熵权与 TOPSIS 法的竞标结点选取评价算法，该模型利用信息熵解决了竞标服务结点的评价指标权重的确定问题，减少了以往信任模型中权重确定过于主观的问题，并利用 TOPSIS 法从多个结点中选择出合适的交互结点。从实验所选的 10 个结点的贴近度可以看出，所选结点 A5 贴近度最高，达到 0.801，而其信任度及交互数量均不是最高的，其价格也不是最低的，但综合相比，其表现相对最优，说明其整体性价比要高于其他结点，系统的计算结果与本书的分析也是相符合的。

小　　结

本章主要介绍了大数据的时代背景，大数据的概念、特征和内涵，还介绍了大数据的主要技术，通过介绍大数据环境下面向服务的安全问题和应用服务中面临的信任安全问题，说明了大数据环境下信任研究的目的和重要意义，最后介绍了本书的框架、主要内容和创新点。

参 考 文 献

[1] DAVID G. Big Data: data wrangling[J]. Nature, 2008, 455(7209): 15.

[2] FINLAYSON A. Dealing with data: fostering fidelity[J]. Science, 2011, 331(6024): 1515.

[3] MANYIKA J, CHU I M, BROWN B, et al. Big data: the next frontier for innovation, competition, and productivity[R] . USA: McKinsey Global Institute, White Paper, 2011.

[4] WORLD ECONOMIC FORUM. Big data, big impact: new possibilities for international development[R]. Geneva：World Economic Forum, 2012.

[5] 腾正科技．2018 年中国大数据产业趋势分析：市场规模或超 6000 亿元[EB/OL].（2018-07-18）[2016-12-20]. https://www.sohu. com/a/241933371_375213.

[6] AGRAWAL D，BERNSTEIN P，BERTINO E，et al. Challenges and opportunities with big data[C]//Proceedings of the 7th International Conference on Management of computational and Collective Intelligence in Digital EcoSystems，2012.

[7] 郭金超．如何挖掘大数据“钻石矿”？李克强绘四大路径[EB/OL].（2016-05-25）[2016-12-20]. http://www.chinanews.com/gn/2016/05-25/7883374.shtml.

[8] 李国杰，程学旗. 大数据研究：未来科技及经济社会发展的重大战略领域：大数据的研究现状与科学思考[J]. 战略与决策研究，2012，27(6)：647-657.

[9] 王珊，王会举，覃雄派，等．架构大数据：挑战、现状与展望[J]．计算机学报，2011，34（10）：1741-1752.

[10] LIANG J Y, WANG F, DANG C Y, et al. An efficient rough feature selection algorithm with a multi-granulation view[J] . International journal of approximate reasoning, 2012, 53:912-926.

[11] 周航星，陈松灿．有序判别典型相关分析[J]．软件学报，2014，25（9）：2018-2025．

[12] 霍峥，孟小峰．轨迹隐私保护技术研究[J]．计算机学报，2011，34（10）：1820-1830．

[13] 孟小峰，高宏．大数据专题前言[J]．软件学报，2014，25（4）：691-692．

[14] 陈恩红，于剑．大数据分析专刊前言[J]．软件学报，2014，25（9）：1887-1888．

[15] 中国计算机学会大数据专家委员会．中国大数据技术与产业发展白皮书[R]．北京：中国计算机学会，2013．

[16] 中国计算机学会大数据专家委员会，中关村大数据产业联盟．2014 中国大数据技术与产业发展报告[M]．北京：机械工业出版社，2014．

[17] 赵国栋，易欢欢，糜万军，等．大数据时代的历史机遇：产业变革与数据科学[M]．北京：清华大学出版社，2013．

[18] 梁吉业，冯晨娇，宋鹏．大数据相关分析综述[J]．计算机学报，2016，39（1）：1-18．

[19] 周晓方，陆嘉恒，李翠平，等．从数据管理视角看大数据挑战[J]．中国计算机学会通讯，2012，8（9）：16-20．

[20] MAYER-SCHONBERGER V, CUKIER K. Big Data: a revolution that will transform how we live, work and think[M]. Boston: Houghton Mifflin Harcourt, 2013.

[21] 孟小峰，慈祥．大数据管理：概念，技术与挑战[J]．计算机研究与发展，2013，50（1）：146-169．

[22] 互联网数据中心．全球半年度大数据支出指南[R]．2012．

[23] 魏军．大数据究竟是什么？一句话让你认识并读懂大数据[EB/OL]．https://blog.csdn.net/Aweijun360/article/details/51590692. (2016-06-05)[2016-12-16].

[24] 冯登国，张敏，李昊．大数据安全与隐私保护[J]．计算机学报，2014，37（1）：246-258．

[25] HATCHARD D. Google flu trends[EB/OL]. (2008-11-03)[2010-02-16]. http://www.google.org/ flutrends.

[26] SHIER. Twitter 预测股票趋势变为现实[EB/OL]. (2011-04-11) [2011-08-12]. http://tech2ipo.com/6322/.

[27] LEARMONTH M. As fake reviews rise, yelp, others crack down on fraudsters[EB/OL]. (2012-10-3)[2014-10-15]. http://adage.com/article/digital/fake-reviews-rise-yelpcrack-fraudsters/237486.

[28] 秦静．Thinkmail：大数据处理让企业邮箱更智慧[EB/OL]. (2013-06-06)[2013-11-12]. http://cloud.yesky.com/20/34984520.shtml.

[29] 刘锋．互联网进化论[M]．北京：清华大学出版社，2012．

[30] LI X, DONG X L, LYONS K, et al. Truth finding on the deep web: is the problem solved? [C]//Proceedings of the 39th International Conference on Very Large Data Bases (VLDB'2013), 2013.

[31] ARASU A, CHAUDHURI S, CHEN Z, et al. Experiences with using data cleaning technology for bing services[J]. IEEE Data Engineering Bulletin, 2012, 35(2): 14-23.

[32] GHEMAWAT S, GOBIOFF H, LEUNG S-T. The Google file system [C]//Proceedings of the 19th ACM Symposium on Operating Systems Principles, 2003.

[33] BORTHAKUR D. HDFS architecture guide[EB/OL]. (2013-05-12)[2014-08-25]. http://hadoop.Apache.org/docs/stable/hdfs- design.htm.

[34] YEGULALP S. What is NoSQL? NoSQL databases explained[EB/OL]. (2017-12-7)[2018-02-25]. https://blog.csdn.net/fzply/article/details/50246015.

[35] DEAN J, GHEMAWAT S. MapReduce: simplified data processing on large clusters[J]. Communications of the ACM, 2008, 51(1): 107-113.

[36] ZAHARIA M, CHOWDHURY M, DAS T, et al. Resilient distributed datasets: a fault-tolerant abstraction for in memory cluster computing[C]//Proceedings of the 9th USENIX Symposium on Networked Systems Design and Implementation, 2012.

[37] GONZALEZ J E, LOW Y, GU H, et al. Power graph: distributed graph-parallel computation on natural graphs[C]//Proceeding of the 10th USENIX Symposium on Operating Systems Design and Implementation, 2012.

[38] 吴甘沙．大数据计算范式的分野与交融[J]．程序员，2013（9）：104-108．
[39] MELNIK S, GUBAREY A, LONG J J, et al. Dremel: interactive analysis of web-scale datasets[J]. Communications of the ACM, 2011, 54(6):114-123.
[40] NEUMEYER L, ROBBINS B, NAIR A, et al. S4: distributed stream computing platform[C]//IEEE International Conference on Data Mining Workshops, 2010:170-177.
[41] GOODHOPE K, KOSHY J, KREPS J, et al. Building linkedIn's real time activity data pipeline[J]. IEEE Data Engineering Bulletin, 2012, 35(2): 33-45.
[42] ZAHARIA M, DAS T, LI H Y, et al. Discretized streams: an efficient and fault-tolerant model for stream processing on large cluster[C]//Proceedings of the 4th USENIX conference on Hot Topics in Cloud Computing, 2012.
[43] BU Y Y, HOWE B, BALAZINSKA M, et al. HaLoop: efficient iterative data processing on large cluster[R]. Department of Computer Science and Engineering, University of Washington, 2010.
[44] EKANAYAKE J, LI H, ZHANG B J, et al. Twister: a runtime for iterative map reduce[C]//Proceedings of the 19th ACM International Symposium on High Performance Distributed Computing, 2010.
[45] ZHANG Y F, GAO Q X, GAO L X, et al. iMap reduce: a distributed computing framework for iterative computation[J]. Journal of grid computing, 2012,10(1): 47-68.
[46] ELNIKETY E, ELSAYED E, RAMADAN H E. iHadoop: asynchronous iterations for MapReduce[C]//IEEE 3rd International Conference on Cloud Computing Technology and Science, 2011.
[47] MALEWICZ G, AUSTERN M, BIK A, et al. Pregel: a system for large-scale graph processing[C]//Proceedings of the 2010 ACM SIGMOD International Conference on Management of Data, 2010.
[48] SHAO B, WANG H X, LI Y T, et al. Trinity: a distributed graph engine on a memory cloud[C]//Proceedings of the 2013 ACM SIGMOD International Conference on Management of Data, 2013.
[49] XIN R, GONALEZ J, FRANKLIN M. GraphX: a resilient distributed graph system on spark[C]//Proceedings of the First International Workshop on Graph Data Management Experience and System, 2013.
[50] INFINITEGRAPH. The distributed graph database[R]. Objectivity, Inc., 2012.
[51] KANG U, CHAU D H, FALOUTSOS C. Pegasus: mining billion-scale graphs in the cloud[C]//IEEE International Conference on Acoustics, Speech and Signal Processing (ICASSP), 2012.
[52] GUBANOV M, PYAYT A. MEDREADFAST: a structural information retrieval engine for big clinical text[C]// Proceedings of the 13th International Conference on Information Reuse and Integration (IRI), 2012.
[53] DAS S, SISMANIS Y, BEYER K S, et al. Ricardo: integrating R and Hadoop[C]// Proceedings of the 2010 International Conference on Management of Data, 2010.
[54] AHRENS J, BRISLAWN K, MARTIN K, et al. Large-scale data visualization using parallel data streaming[J]. IEEE Computer Graphics and Applications, 2001, 21(4): 34-41.
[55] SCHEIDEGGER L, VO H T, KRUGER J, et al. Parallel large data visualization with display walls[C]// Proceedings of the 2012 Conference on Visualization and Data Analysis (VDA), 2012.
[56] SCHADT E E. The changing privacy landscape in the era of big data[J]. Molecular system biology, 2012, 8(1) : 612.
[57] 宫学庆，金澈清，王晓玲，等．数据密集型科学与工程：需求和挑战[J]．计算机学报，2012，35（8）：1563-1578．
[58] 徐小安．大数据应用案例不可不看的 7 大领域[EB/OL]．（2015-12-22）[2016-04-06]. http://www.cio.com.cn/eyan/404005.html?utm_source=tuicool&utm_medium=referral.
[59] ZHANG X, LIU C, NEPAL S, et al. Privacy-preserving layer over MapReduce on cloud[C]//Cloud and Green Computing 2012 Second International Conference, 2012.
[60] HASSLER V. Security fundamentals for e-commerce[M]. Norwood: Artech House Inc., 2000.

[61] CHANG E, EILLON T, HUSSAIN F K. 服务信任与信誉[M]. 陈德人，郑小林，干红华，等译. 杭州：浙江大学出版社，2008.

[62] YE M, YIN P F, LEE W C, et al. Exploiting geographical influence for collaborative point of interest recommendation[C]//Proceedings of the 34th International ACM SIGIR Conference on Research and Development in Information Retrieval (SIGIR'11), 2011.

[63] GOEL S, HOFMAN J M, LAHAIE S, et al. Predicting consumer behavior with Web search[J]. National academy of sciences, 2010, 7(41): 17486-17490.

[64] NARAYANAN A, SHAMATIKOV V. How to break anonymity of the Netflix prize dataset[R]. The University of Texas at Austin, 2006.

第 2 章　信任管理和计算理论

【导言】信任是社会关系赖以生存和维系的根本，也是构建计算机网络应用服务合作关系的基础。经济学家说“阳光底下没有新鲜事”。而社会学家的研究对象大多是前人已经屡屡发生过的行为或频繁打过交道的事物，它之所以能成为一项研究，是因为现代社会生活各种活动和行为以一种独特的压力刺激人们对之投以学术的关注[1]。在大数据时代，计算机网络环境中也包含多种相互关联的实体，如计算机、网络、进程、内存、服务、数据、用户、交易等，这些实体间相互联系、互相作用，关系日趋复杂多样，怎样在当前新型网络应用服务中构建实体间的信任关系成为非常复杂的研究课题。研究相关的理论和技术是推动计算机网络应用快速发展的动力。1979 年，卢曼（Luhmann）在《信任与权力》一书中开篇就阐明“没有信任，我们的日常生活是不可能进行的”。从这句话可以感受到信任在当前社会关系中的重要意义。虽然计算机网络应用中的信任不能等同于社会学中的信任关系，但是随着网络应用服务越来越智能化，网络应用服务越来越体现出人的意志和力量。因此，信任在计算机网络应用中也定将起到越来越重要的作用。

本章将主要介绍信任的基本概念和相关理论，以及信任关系、信任管理模型和传统的可信计算，并在最后详细分析了当前国内外网络应用服务中心信任的研究现状。

2.1　信任的相关理论

2.1.1　信任的溯源和概念

信任是一种跨多学科的交叉性研究，包括心理学、社会学、政治学、经济学、人类学、历史学和神经生物学等多种不同学科，是一个主观性较强的概念。因此，至今也没有一个准确的、统一的完整定义。到目前为止，国内外对信任问题的理论研究工作主要是由社会学家来完成的，并且取得了丰硕的研究成果。在此基础上，人们对信任概念的认识也越来越完善、成熟。但是信任本身无论是在表现形式上，还是在主体感受上都有其丰富的多样性。所以，目前不同学科和专业的学者或是商业领域人士都是按照自己的认识给予信任不同的定义。

在中国古代《说文解字》中，“信”从人言。《墨子》中则说：“信，言合于意也。”然而，耐人寻味的是，“信”字被列在《说文解字》的“言”字部，而非“人”字部。从这里或许可以看出一点端倪，与“信”相关的是“言”，而“言”与“行”是可以分离的，这实际上是信任的两个构成要素。《现代汉语词典》对信任的解释是“相信而敢于托付”[2]，这一解释就内含了“信”（相信）与“任”（托付）。以这两个基本要素为基础，人们形成了信任认识的两种思路，一种是以“信”（相信）这种心理性因素为基础形成的内向性思路，主要从信任主体的内心特征出发来理解信任[3]。例如，Rousseau 等对信任的定义是：“信任是建立在对另一方意图和行为的正向估计基础之上的行为或周围的秩序符合自己的愿望。”[4] 郑也夫则指出“信任是一种态度，相信某人的行为或周围的秩序符合自己的愿望”[1]。另一种是以“任”（托付）这种行为性因素为基础，形成的外向性思路，主要从信任主体的外在行为出发来理解信任。例如，在佐客尔（Zuker）[5]看来，信任有三种不同的类型：①经验信任，基础是过去长期的交往和交易；②特征信任，来源于群体及群体规范；③制度信任，来源于对制度的信赖。无论交往、交易、群体规范，还是制度，都具有人类行为的特征。

除了将两种思路分开之外，更多的对信任的理解是将两种思路统一在一起。例如，郑也夫同时还将信任视为“交换与交流的媒介”，并且指出了信任的两个行为性特征：时间差与不对称性[1]。而什托姆普卡则非常明确地论述了信任的两个基本要素，即信任包含明确的预期及相应的至少部分不确定或不能控制的结果的行动[6]。从构成信任的二因素性，就能够容易地区分信任和希望、信心等概念。希望是在没有充足的理由或依据支持的条件下，对未来事物的一种期待；而信心则是在部分地获得了理由、依据支持的条件下，对未来事物的一种期待。这两者的区别是：信心所获得的理由和依据的支持要多于希望。而两者与信任的根本区别在于，虽然信任也是对未来事物的一种期待，而且理由和依据支持也不能够满足对未来事物的确定判断（否则就不能称为信任，只能称为一种确定安排），但是信任将以积极地参与和行动来尽可能地实现期待，或者向期待的结果靠近，而另外两者则是选择消极地、沉思地等待，即毫不行动地等待结果的实现或者不实现[2]。

在中国，追溯信任的概念，最早可以在《论语》中找到相关的内容：“子张问仁于孔子，孔子曰：‘能行五者于天下，为仁矣。’请问之，曰：‘恭，宽，信，敏，惠。恭则不侮，宽则得众，信则人任焉，敏则有功，惠则足以使人。’”从这句话中可以发现信任的核心思想是“重承诺，守约定”。帕格顿 · A 在他的研究中提到，早在 18 世纪那不勒斯学者吉诺维希和多利亚就认为，信任某人就包含了一种相信被信任对象会履行这样的责任的信念[7]。而信任的单词“trust”在《牛津英语辞典》（第 2 版）中就有 7 种含义，其中与本书研究相关的概念就包括 5 种，具体如下。

1）对某个人、某个事物的品质和属性或某个陈述的真实性的相信或依赖。

2）对某事物怀有自信的期待。

3）义务、忠诚和可依赖性。

4）对于一个买者拿现货而将来付钱的能力和意向的信心。

5）对寄托某人具有信心的状况，或被托付某事物的状况。

Simmel 则定义“信任是社会中最重要的综合力量之一”[8]。“没有人们相互间享有的普遍的信任，社会本身将瓦解，几乎没有一种关系是完全建立在对他人的确切了解之上的。如果信任不能像理性证据或亲自观察一样，或更为强有力，几乎一切关系都不能持久。”靠着信任的功能，“个体的、起伏不定的内部生活现实地采取了固定的、牢靠之特征的关系方式”。“现代生活在远比通常了解的更大程度上建立在对他人诚实的信任之上”[9]。Deutsch 是第一个使用囚徒困境方法的心理学家，也是较早从探讨冲突的解决中开始思考信任问题的学者。他对信任的定义是“一个人对某件事的发生具有信任是指他期待这件事的出现，并且相应地采取一种行为，这种行为的结果与他的预期相反带来的负面心理影响大于与预期相符时所带来的正面心理影响”[10]。

“信任”这一概念曾在社会学、心理学、政治学、经济学、人类学、历史学及生物学等多种不同类型的社会学文献中提及与应用，学者也曾试图从各个角度出发对信任予以界定，并厘清“信任”这一人类认识中较为复杂、较难以捉摸的概念。进入 20 世纪以来，信任显得越发重要，现已成为人际交往、工作管理等现代社会发展的重要前提和基础。不同学科背景下的学者纷纷开始针对信任展开广泛而深入的研究。表 2-1 列举了一些学科对信任的典型定义和认识，以及对它们的相同点和不同点的分析和总结。

表 2-1　不同学科对信任的概念及异同点

<table>
<tr><th>代表作者</th><th>信任概念</th><th>学科</th><th>共同点</th><th>差异点</th></tr>
<tr><td>Rotter</td><td>人际关系信任在这里被定义为个人或团体所持有的一种期望，即一个人或团体可以依赖的言语、承诺、口头或书面陈述[11]</td><td>心理学</td><td rowspan="3">强调了信任是一种信念，是维系人、组织、团体正常、合理交互的前提和保证，并且信任是对实体可靠性、正直诚实以及行为的期望</td><td>强调人的认知过程</td></tr>
<tr><td>Luhmann</td><td>信任不仅包括对他人的信任，也包括他们愿意把信任作为行动的基础[12]</td><td>社会学</td><td>强调主观背叛的风险性</td></tr>
<tr><td>Rousseau 等</td><td>信任是一种心理状态，它包含接受脆弱性的意图，而这种意图是基于对他人行为或意愿的积极预期[4]</td><td>心理学和社会学</td><td>强调了他人的意图或行为与自己期望的相符程度</td></tr>
</table>

续表

<table>
<tr><th>代表作者</th><th>信任概念</th><th>学科</th><th>共同点</th><th>差异点</th></tr>
<tr><td>McAllister</td><td>人际关系信任的定义可以延伸为一个人有信心并愿意以他人的言语、行为和决定为基础采取行动[13]</td><td>管理学</td><td rowspan="4">强调了信任是一种信念，是维系人、组织、团体正常、合理交互的前提和保证，并且信任是对实体可靠性、正直诚实以及行为的期望</td><td>在某些基础上愿意行动，强调风险评估</td></tr>
<tr><td>Delgado-Ballester 等</td><td>品牌的可靠性预期在某些情况下可能给客户带来风险[14]</td><td>营销学</td><td>强调了信任是相对固定和稳定的</td></tr>
<tr><td>Kaplan 和 Nieschwietz</td><td>信任是指委托人为换取商品或服务，并承诺遵守规定的政策和程序，而赋予网站受托人个人财务信息的一种方式[15]</td><td>电子商务</td><td>用户对网站系统的信任</td></tr>
<tr><td>Zheng 和 Niemi</td><td>从数据系统的观点来看，信任是基于委托人的标准和信任属性的全体成员对受托人的一种评估[16]</td><td>网络信息科学</td><td>用户对网站系统的信任</td></tr>
</table>

从这些对信任概念的经典定义中，可以发现不同学科对于信任概念的定义，既有相似的地方，也存在部分差异，尽管很多学者都对信任概念给出了自己的定义，但由于信任的复杂性、模糊性、时效性等，有些信任概念的定义是有所矛盾和令人困惑的[17-19]，甚至于很难理解[20,21]。另外还有一些学者试图整合这些定义以便给出统一的、完整的信任概念，如 Walter Bamberger 就试图整合一些学者给出的信任概念的相关定义，然而这样的工作实则具有很大的难度和挑战[22]，因而时至今日仍未有一个学者能够包容百家、纳精去糙，凝练出一个完整的、全面的、权威性的信任概念。

鉴于以上分析，针对信任概念的理解，本书认为对信任研究应从以下几个方面进行考虑。

第一，对他人行为处于不了解或不确定的状态是信任概念的核心[23]。从人的认知角度来看，交互双方因无法获取对方的所有信息，所以产生信任的问题。因此，信任是人们对于未知领域的一种暂时性的脆弱反应，是弥补人类认知局限性的一种方法。

第二，信任隐含风险。信任是对他人某种特定行为的预期，所以势必存在落空的风险，即信任的结果可能表现出正向预期或逆向预期，当存之于大数据环境下的不同应用场景中时，则相应会出现多种具象。

第三，信任是动态变化的。信任会随着时间和交互过程而不断发生变化。信任具有较强的时衰特性，同时还会随着交互的疏密程度发生相应的变化。因而难以避免发生策略性的欺诈问题。

第四，从社会认知角度出发，信任是包含个人主观感情色彩的，人的性格情感、喜爱偏好、知识背景等都强烈地影响到人对信任的评价，从而使信任计算的精确度较难确定。

第五，对于一个需要取得他人信任的实体来说，初始信任的确定往往需要第三方的推荐，因此需要考虑第三方的推荐可信性，从而增加了信任确定的复杂性。

第六，从大数据多种网络应用服务中的人际关系、合作关系等可以看出，信任的积累是相对缓慢的过程，它和较多因素，如交互时间长短、人际关系亲疏程度、交互的内容、交互时间、交互频度等相关。相反，随着合作关系破裂，人际关系出现裂隙，交互的一方被另一方欺诈等情况的出现，信任会出现下降，而且其衰减速度远快于信任的积累速度。

第七，信任是和交互双方所处的环境背景有关的，即在不同的场景中，信任表现的程度不同。

综合前人对信任的定义，给出本书对信任的定义。

定义 2-1：信任是指在一定的时间、范围和环境下，求信者/方（trustor）通过与获信者/方（trustee）的历史直接交互经验，并利用可信的第三方的诚实推荐，综合考虑多重社会影响因素，采取相应的策略和方法来减少针对获信方预期行为的不确定性，增强对获信方交付双方约定服务的信念。

从定义可以发现，信任仅是一个相对的概念，世上没有绝对的信任。同时信任还与信誉、信念等概念密切相关。信誉又称声望，是人类社会众所周知的普遍的、自发的、有效的社会控制机制[24]，是信任主体在以往历史交互中的一种社会认知表现，是一种历史显现物（history unfold），也是信任主体的历史信任量的载体。它对信任的决策往往是关键的，但作为表现形式，就有可能是可靠的，也有可能是不可靠的，尤其是在有选择的交互活动中，在其他因素可能大致相同的情况下，个体的信誉情况有时则会大相径庭。因而有些学者把信誉作为信任值来看待。《牛津高阶英语词典》对信誉的解释是“人们对于过去所发生的人或事的观点或看法”。而信念是指信任某人的能力或知识，或是信任某人能够按照已经承诺的去做的行为。虽然这些概念意思较为接近，但从学术的角度来讲仍然是有区别的，因此，本书结合前人的定义，给出本书对信誉、信念的理解。

定义 2-2：信誉又称声誉，是指基于对某结点完成历史任务过程中行为的评价或看法，其量化采用其他结点对该结点的综合评价值，反映了该结点的可信赖程度。

定义 2-3：信念是指求信方（服务请求者）对获信方（服务提供者）完成双方约定服务的一种信心。

定义 2-4：求信者/方，也称为服务请求者（service requestor，SR），是指在某一网络交互会话的两个结点中，发起交互的结点为保证交互的可信性和可靠性，需要获取另外一方信任度的结点，即在某个时间段和上下文环境中给予服务提供者（网络实体结点）信任度的网络实体（结点）。

定义 2-5：获信者/方，也称为服务提供者（service provider，SP），是指在某一网络交互会话的两个结点中，响应发起会话请求的结点，即在某个时间段和上下文环境中能够提供服务的网络实体（结点）。

定义 2-6：服务推荐者（service recommender，SR），也称为推荐者，是网络中为获取相应的经济利益和推荐信任度而向服务请求者进行推荐服务的一类结点。

定义 2-7：信任计算的时间点、时间段、时间域（time point、time slot、time domain）示意图如图 2-1 所示。时间点指一个特定的时间，表示一个明确的时间。时间段指两个时间点之间的一段时间，是一段持续的时间。在这段时间内，信任值积累起来。时间域是指总的持续时间。这段时间内，求信方对获信方的行为进行分析和可信度的度量和预测。

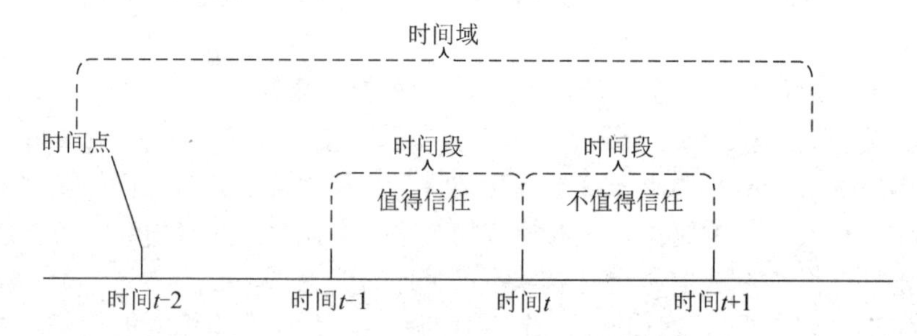

图 2-1　信任建模的时间点、时间段和时间域示意图

2.1.2　信任的特征

信任具有如下几个重要的特性。

（1）主观性

信任的主观性（subjective）表示了人类认识客观事物的一种认知现象，是主体对客体的特定特征或行为的特定级别的一种主观判断，不同主体对某一客体有不同的主观判断。

（2）条件可传递性

条件可传递性（conditional transitivity）只在一定的条件下满足。如实体 A 信任实体 B，实体 B 信任实体 C，并不能推断出 A 信任 C。

（3）反对称性

反对称性（asymmetry）是指实体 A 信任实体 B，实体 B 并不一定信任实体 A。

（4）上下文相关性

上下文相关性（context）是指信任是和所处的背景和环境紧密相关的，不同的背景下，信任可能是不同的，如信任随领域和范围不同而具有不同表现；一个医生在医疗领域其信任度较高，而其在音乐领域的信任度则较低。

（5）内容相关性

内容相关性（content correlation）是指实体 A（Alice）信任实体 B（Bob），

并不代表 A 对 B 的一切行为都是信任的，事实上，实体 A 信任实体 B 仅仅是在某一限定的上下文中 A 对 B 行为的信任。例如，A 信任 B 愿意借给 B 自行车，是因为相信 B 一定能还。但是 A 不借给 B 1 万元，是因为 A 对 B 能否还 1 万元表示怀疑（图 2-2）。

图 2-2　信任的内容相关性说明

（6）动态性

信任会随着时间、交互的频度等因素而发生波动，说明信任是动态变化的，也即信任会根据结点的状态变化而发生相应的变化。

（7）时空衰减性

由于信任是随着结点的状态而动态改变的，当结点在一段时间处于静止状态时，其信任就会随着时间而发生一定程度的衰减。

2.1.3　信任环境

信任所处的环境也被称为信任的背景。背景定义了服务或服务功能的特性。每个背景都有各自的名称、类型和功能详述，如“租一辆汽车”、“买一本书”或“修理一个浴室”都是背景。背景也可以被定义为一个对象、一个实体、一种情况或是一个场景[25]。信任环境对信任的影响见表 2-2。

表 2-2　信任环境对信任的影响

环境、服务类型和功能描述	意图和行为	信任判断和决策
环境	“借一辆汽车”	Alice 对于 Bob 借车的意图行为判断为 Trust Bob→Agree
服务类型	汽车租赁/借用	
功能描述	Bob 想要（向 Alice）租一辆汽车	
环境	“买一本书”	网上书店对 Alice 的购书要求判断为 Trust Alice→Agree；Alice 对网络书店的服务判断为 Trust Bookstore→Agree
服务类型	网上购物	
功能描述	Alice 想要在网上买一本书	

续表

环境、服务类型和功能描述	意图和行为	信任判断和决策
环境	“想要看医生”	Elizabeth 对网络医生的诊断行为判断为 Uncertain Trust→To try it
服务类型	在线医疗/诊断	
功能描述	Elizabeth 想要网络诊断、治疗	
环境	“借用信用卡”	Alice 对于 Bob 借用信用卡的意图行为判断为 Don’t Trust Bob→Reject
服务类型	（普通）社交活动	
功能描述	Bob 想要（向 Alice）借信用卡来购买东西	

所以，可以发现信任是依赖于背景的。不同的背景下，信任会产生较大的差异，因此也说明了不同场景下，求信方与获信方在信任的判断和决策上与其他背景下的信任相一致。

2.2 信任关系

大数据环境下的服务中，网络应用服务实体间的信任关系通常有程度之分。信任的程度往往是通过信任值来体现的。

2.2.1 信任关系和信任值

信任是由信任关系来实现的，没有信任关系，信任就没有任何意义。所以一个信任关系至少包含服务双方，甚至更多方。缺少了服务各方的信任关系是不成立的。可以将求信方和获信方之间的关联称为信任关系（图 2-3）。每一个信任关系都有一个数值，这个数值被称为信任值。

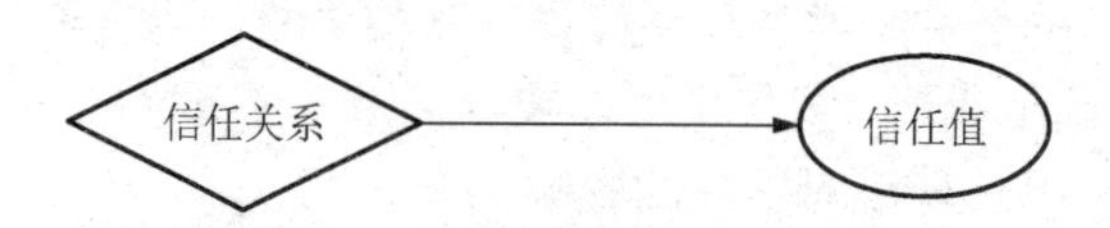

图 2-3 信任关系的关联信任值

2.2.2 多重背景、多重信任和多重关系

在面向服务的网络应用中，一个求信方往往会有一个或者多个获信方，这样就会产生多重信任关系。这些信任关系也许并不在同一个场景下，因此就存在了多重背景，即多重背景下具有多重关系，并且每个单独的信任关系都会产生自己的信任值。

在任何给定的时间段内，多重信任关系既可以存在于多个服务双方之间，也可以存在于同一对服务双方之间，而且同一对服务方之间可能同时存在两种以上的信任关系。相对应的是，多重信任关系也可能存在于同一个背景下的多对服务双方之间。

2.2.3　信任关系的划分

一般来说，信任关系不是绝对的，而是动态变化的。信任关系涉及很多方面，如交互用户、交互时间、交互环境、交互频次及交互方的情感因素等。依据不同的标准，信任关系有不同的划分方法。文献[22]和文献[26]分别将信任关系进行了分类：根据信任关系中实体角色身份的不同，划分为身份信任关系；根据不同角色和身份的行为不同，划分为行为信任关系；根据实体所属地域、组织、用途的不同，划分为域内信任关系和域间信任关系；根据实体间的不同交互方式，又可划分为直接信任关系和推荐信任关系。本章根据不同的划分方法，将对应的特点分别总结如下。

1）身份信任关系和行为信任关系。身份信任关系利用系统对实体的授权来控制实体对系统的访问，即从实体的身份真实性上保证网络应用的安全性，通过加密、访问控制等技术允许实体对系统的准入。身份信任关系主要关注网络中实体身份的真实性验证，以及是否授权实体进行访问的问题，这种信任关系属于静态的信任（static trust）关系。行为信任关系则是通过实体间以往的历史行为来确定彼此间的信任关系，随着交互次数的逐渐增多，这种信任动态地发生变化，因此行为信任关系是一种动态的信任（dynamic trust）关系。行为信任关系关注的是更广泛意义上的可信赖问题，用户根据过去相互间行为接触经验而及时动态地调整更新彼此间的信任关系。网络应用服务的双方行为由任务目的确定，对动态行为的监控可以间接反映软件实体的可信程度。因此，研究复杂开放网络环境下的动态信任关系，首先需要对网络实体的行为特性进行深入分析，然后归纳出与可信属性相关联的行为特性，最后建立需要监控的可信性相关的网络实体行为指标体系。

2）域内信任关系和域间信任关系。域内信任和域间信任关系则是根据实体所属的组织、用途及地理位置的不同，将整个网络系统划分为若干个独立的子域，每个子域包含两个虚拟域：资源域和客户域。每个实体按照其属性被划分在不同的子域中，每个子域都有自己相应的管理策略和安全策略。按照这样的划分，网络系统的信任关系就可以划分为两个层次：一个是域内信任关系，一个是域间信任关系[26]。对于域内信任关系由本域的用户来进行评价，由域管理者对用户的信任进行维护和管理。当一个域的用户需要和另外一个域的用户交互时，需要查询该域对用户的信任度。域间信任则是以域为单位的两个域间的信任关系，域的整体信任值是该域所有实体结点的综合信任值。在域间信任关系中，信任双方是域和域之间的，评价依据是根据该域内所有用户在网络中的行为及该域提供的服务质量。因此，域的信任度是该域所有用户在网络中的综合体现，不代表任何具体的用户。这样整体上建立了以域为单位的信任关系。某个域的用户信誉是由该域来管理、评判，域内的所有用户在域外的网络行为都代表“域”。这样就形成了一个分级的、各个域自治的信任模型。

3）直接信任关系和推荐信任关系。直接信任关系是 A 和 B 两个实体通过直接交互所形成的一种信任关系。推荐信任关系则是当两个实体间没有直接交互历史时，只能依赖其他实体提供的反馈信息或者评价信息来进行判断。随着实体间交互历史的不断增加，信任则发生动态变化和调整。例如，推荐信任关系可以被描述为如下的场景（scenario），网络中存在 Alice、Bob、Carry 三个实体结点，如果实体结点 Alice 和 Bob 有过直接信任，结点 Bob 和 Carry 有过直接信任，当 Alice 希望获得 Carry 的信任情况时，则可以由 Bob 向 Alice 推荐 Carry，Alice 获得 Carry 的信任度。图 2-4 所示为直接信任关系和推荐信任关系。

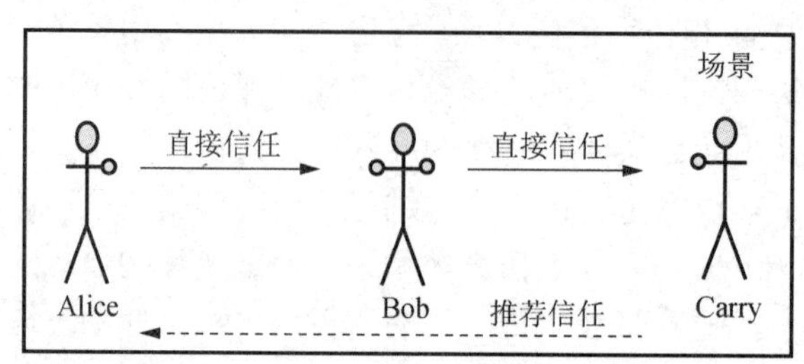

图 2-4　直接信任关系和推荐信任关系

信任本质上是描述群体间行为的一种社会关系，信任关系决定了信任的基本内涵[23]，并且信任是人类社会区别于其他动物的一个典型特征，所以了解信任关系的划分将能帮助人们更好地掌握信任。因此，本章给出了对信任关系的定义。

定义 2-8：信任关系是指求信方和获信方之间的一种相互关联，是按照实体-属性-关系进行关联的一种服务和被服务关系。

信任本质上是描述群体间行为的一种社会关系，信任关系决定了信任的基本内涵[20]，并且信任是人类区别于其他动物的一个典型特征，所以了解信任关系的划分将能帮助人们更好地掌握信任。

定义 2-9：推荐信任是指除求信结点外的其他结点根据与获信结点的历史交互，向求信结点反馈的关于获信结点的信任度。

以直接信任关系、推荐信任关系为主的主观信任研究是当前大数据环境下各种应用系统的主要研究热点之一，如社交网络、电子商务等新型网络的信任研究就属于大数据环境下的以人为中心的感知和计算关系，是目前网络系统中主要面对的一类虚拟社会信任关系。因此本书也正是针对大数据环境下面向服务的动态信任关系进行相关研究的。

图 2-5 所示为大数据环境下的结点（网络实体）交互关系模式示意图。

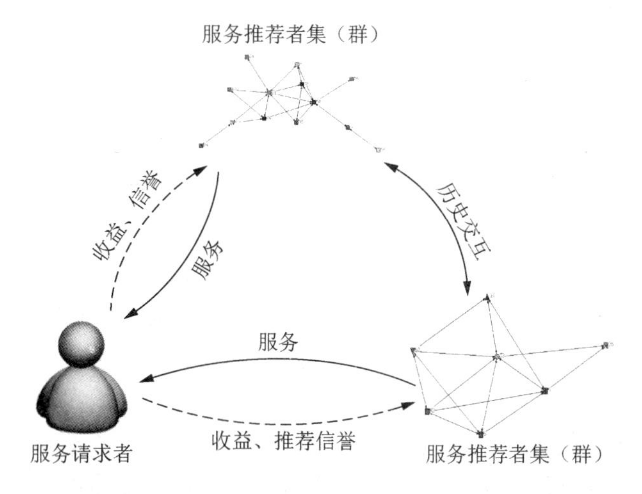

图 2-5　大数据环境下的结点交互关系模式示意图

2.2.4　信任关系的初始化

信任关系的初始化被定义为一种初始的引入，它会产生一个关联或关系，并且提供计算或导出信任值的方法论。信任关系的初始化主要有三种不同的类型：直接交往、推荐和历史回顾。

（1）直接交往

直接交往是实体间在以往的历史交互基础上所形成的一种信任关系，通过直接交往可以获得相应的信任度，并且该信任关系具有较高的可信性，同时形成相应的信任关系的初始化计算值。

（2）推荐

推荐是实体间在缺乏直接交往的前提下，通过网络中其他直接交往过的实体的推荐来获取相应实体的信任初始化值。因此，相对于直接交往所获得的信任关系，推荐的信任关系要弱一些，这也更加符合人类的心理认知和行为习惯，如在社会网络中基于社交关系的结点交互过程。

（3）历史回顾

历史回顾是指实体间信任关系还未开始建立，只有通过从网络中查找实体的历史信任关系情况来进行判断。历史回顾中的实体分为两种：一种是实体在网络中有过交互，但无其他实体给予过推荐；另一种则是实体在网络中未有过交互，此种实体有可能是新加入网络中的实体，也可能是休眠实体。可以发现在此情况下，其与推荐既有相似又有区别。

从信任关系的初始化中可以看出，确定新加入网络中实体的信任关系是较为困难的一件事情。同时，在网络实体交互中，已有的实体更容易获得信任，特别是在电子商务这样的数字经济时代体现得更为明显。因而，在网络实体的信任关系研究中未来还需要防止“寡头实体”的出现。

2.2.5　信任、信用和信誉的关系

对于信任，还经常出现和使用另外两个词，即信用和信誉。其概念的界定一直较为混乱，时常出现三者相互混淆使用的情况，为保证本书对信任概念研究的准确性，信用和信誉的概念具体如下。

1）信用。在《现代汉语词典》中，对信用含义的解释包括三个方面：①能够履行跟别人约定的事情而取得信任；②不需要提供物质保证，可以按时偿付信用贷款；③银行借贷或商业上的赊销、赊购履约记录良好。由此可见，信用主要包含三层含义：其一，信用作为一种基本道德准则，是指人们在日常交往中应当诚实无欺，遵守诺言的行为准则；其二，信用作为经济活动的基本要求，是指一种建立在授信人对受信人承诺的基础上，使后者无须付现金即可获取商品、服务或货币的能力；其三，信用作为一种法律制度，即依法可以实现的利益期待，当事人违反诚信义务的，应当承担相应的法律责任[27]。从信用的概念中能够发现，信用也具有两个重要的因素，即信任和效用。任何信用的基础首先是信任。没有信任就没有信用行为。同时，信用具有一个重要因素，即效用。信任虽然是信用的基础，但绝不是信用的全部。信用是“信”与“用”的统一[28]。“效用”是指信任主体的信任行为和状态所产生的社会影响。如果仅有信任，而没有信任的社会影响，产生不了“功效”或“作用”，就仅仅是信任，而构不成信用。例如，当人们说“张三的信用很好”时，其实是说张三的信任最终会给授信人带来好的结果，即对张三的信任必然造成一定的影响，也就是说具有一定的“功效”或“作用”，否则，只能是信任，而不是信用[2]。

2）信誉。林晓霞和杨晓东指出，信誉是对一个实体（个人、企业及其他组织）过去行为的评价，这种评价可以是一个实体过去所有交易行为综合的量化值[29]。张莉指出，信誉是那些在交易中总是以诚相待的人所赢得“值得信任的美名”，是指诚实守信的声誉[30]。明确信誉的特征是区别信用、信任的关键，信誉是一种无形资源，需要通过载体体现，否则缺乏具体对象而无从体现；同时，信誉难以转嫁，其建立是一个长期积累的过程。除了这些特点，信誉还具有评价的多样性，不同客体对主体的评价很难用一个综合的评价指标。信誉的多样性也造成从不同实体或同一实体的不同评价方面可以分为不同的信誉种类。例如，信誉可以分为个人信誉、组织信誉（如企业信誉）、政府信誉等。

信誉与信用的意义非常相近，多数情况下可以通用。信誉倾向于对过去言行的考察，是以信用为基础的抽象价值和社会声誉，是区域性的社会群体长期以来

对主体信用表现及其信用抽象价值的评价，强调的是声望和名誉，是一种形象标识。在经济学中，信誉被认为是重复的、长期的博弈结果，一次交易不可能产生信誉。信用，即信任使用，反映的是权利和义务的关系，是一种动态的经济过程，是履约状况和守信程度，更强调在未来的交往中能够很好地恪守诺言，讲信用。信誉是信任建立的基础之一，在大量的交往活动中，信任是靠以往的信誉建立和维持的。简单地说，“基于信誉的信任，就是基于长期合作关系而建立起来的信任”。

2.3 可信计算

近年来，计算机安全问题日趋严重，传统安全理念很难有所突破，人们试图利用可信计算的理念来解决计算机安全问题，其主要思想是在硬件平台上引入安全芯片，在软件中引入信任管理和信任校验，从而将部分或整个计算平台变为可信任的计算平台。

Anderson 首次提出可信系统（trusted system）的概念，由此开始了可信系统的研究。当时，可信系统的研究主要集中在故障检测技术、双机热备份技术和三模冗余技术等方面，目标是构建高可用性容错计算机系统。到了 20 世纪 80 年代中期，美国国防部国家计算机安全中心代表国防部为适应军事计算机的保密需要，在 20 世纪 70 年代的基础理论研究成果上，推出了《可信计算机系统评估准则》（Trusted Computer System Evaluation Criteria，TCSEC）（也称为橙皮书），它所强调的安全概念是指，要使系统的安全特性成为仅仅被授权的主体，则以主体的名义访问客体。1987 年 7 月，针对网络、安全的系统和数据库的具体信任安全情况，又发布了 3 个解释性文件，即可信网络解释、计算机安全系统解释和可信数据库解释，形成了安全信息系统体系结构的最早原则。

1983 年美国国防部制定了《可信计算及评价准则》[31]。1991 年，西欧四国（英国、法国、德国、荷兰）提出了《信息技术安全评价准则》（Information Technology Security Evaluation，ITSEC），ITSEC 首次提出了信息安全的保密性、完整性、可用性概念，把可信计算机的概念提高到可信信息技术的高度上来认识。1993 年 1 月，美国公布了融合欧洲的 ITSEC 的《可信计算机安全评价准则之联邦准则》。1999 年 10 月由国际 IT 巨头（Compaq、HP、IBM、Intel）和 Microsoft 牵头组织了可信计算平台联盟（Trusted Computing Platform Alliance，TCPA），成员达 190 家，2003 年改组为可信计算组织（Trusted Computing Group，TCG）。TCPA 和 TCG 制定了关于可信计算平台、可信存储和可信网络连接等应用标准。2002 年底，IBM 发布了一款带有嵌入式安全子系统的笔记本式计算机，依靠子系统中保存的密钥进行数据保护，只有通过身份认证的用户才可以解密文件。2005 年，IBM 公司又在其高端笔记本式计算机上加入指纹识别系统。现如今，利用人眼虹膜技术来解锁计算机系统更是成为一种普遍现象。可信计算平台从硬件到软件，从应用系统到基础软件，从 PC 到移动终端，从存储到外设无所不包。可信计算成为全球计算机安全技术发展趋势。

2.3.1　可信计算的思想

可信计算的思想源于社会中的信任，其基本思想是在计算机系统中首先建立一个信任根，再建立一条信任链，一级测量认证一级，一级信任一级，把信任关系扩大到整个计算机系统，从而确保计算机系统的可信性。

可信计算是实现计算机系统安全的一体化保证技术，强调从可信根出发，解决计算机结构所引起的安全问题。其具有如下一些基本功能。

1）确保用户唯一身份、权限、工作空间的完整性和可用性。

2）确保存储、处理、传输的机密性与完整性。

3）确保硬件环境配置、操作系统内核、服务及应用程序的完整性。

4）确保密钥操作和存储的安全性。

5）确保系统具有免疫能力，从根本上阻止病毒、黑客和木马等软件的攻击。

可信计算技术相关的概念具体如下。

（1）可信计算基

可信计算基（trusted computing base，TCB）是计算机系统内保护装置的总体，包括硬件、固件、软件和负责执行安全策略的组合体。它建立了一个基本的保护环境，并提供了一个可信计算系统所要求的附加用户服务。TCB 首先建立一个信任根，然后再建立一条信任链，从信任根开始到硬件平台，再到操作系统和应用，一级认证一级，一级信任一级，从而把这种信任扩展到整个计算机系统，以防止不可信主体的干扰和篡改。

（2）可信硬件

要构建可信计算平台，必须引入独立的硬件，其实现方式一般采用独立 CPU 设计的片上系统，同时辅以外部控制逻辑和安全通信协议。

（3）可信计算平台

TCG 从行为的角度来定义可信性，即如果一个实体的行为总是以所期望的方式朝着预期目标，那么它是可信的。

（4）信任根和信任链

信任根和信任链是可信计算平台的关键技术。一个可信计算机系统由可信根、可信硬件平台、可信操作系统和可信应用组成。

2.3.2　可信计算存在的问题

（1）理论研究相对滞后

目前，无论国内还是国外，可信计算的理论研究落后于技术开发，至今尚没有公认的可信计算理论模型。可信测量是可信计算的基础，但是目前尚缺少软件的动态可信性的度量理论和方法。信任链技术也是可信计算平台的一项关键技术，然而信任链的理论，特别是信任在传递过程中的损失度量尚需要深入研究，需要把信任链建立在坚实的理论基础上。

（2）一些关键技术尚待攻克

目前，国内外可信计算基都没能完全实现 TCG 的计算机技术规范，而且随着社会网络、移动互联网、大数据、云计算和物联网这些新型技术的提出与发展，使这些问题更加突显。

（3）不适合当前大规模的网络应用系统

目前的可信测量只是系统资源静态性测量，因此很难适应当前大规模网络服务和应用系统。

2.4　信 任 管 理

2.4.1　信任管理的概念

信任管理的概念是由 Blaze 等为了解决 Internet 网络服务的安全问题而提出的。其基本思想是承认开放系统中安全信息的不完整性，提出系统的安全决策需要附加安全信息，因而将信任与分布式系统安全结合在一起[32]。Blaze 等将信任管理定义为采用一种统一的方法描述和解释安全策略（security policy）、安全凭证（security credential），以及用于直接授权关键性安全操作的信任关系（trust relationship）。信任管理系统的核心内容是，用于描述安全策略和安全凭证的安全策略描述语言及用于对请求、安全凭证集合安全策略进行一致性证明验证的信任管理引擎。

基于该定义，信任管理主要研究的内容包括制定安全策略、获取安全凭证、判断安全凭证是否满足相关的安全策略。信任管理所要回答的问题是："安全凭证集 C 是否能够证明请求 r 满足本地策略集 P。"

根据 Blaze 等对信任管理的定义，一个信任管理系统应该包括 5 个基本组成部分：①一种描述请求行为（action）的语言；②一种识别主体（principals）的机制；③一种定义应用程序策略（policy）的语言；④一种定义信任证书（credentials）

的语言；⑤一个一致性检查器（compliance checker）[33]。

为了使信任管理能够独立于特定的应用，Blaze 等提出了一个基于信任管理引擎（trust management engine，TME）的信任管理模型，如图 2-6 所示[33]。

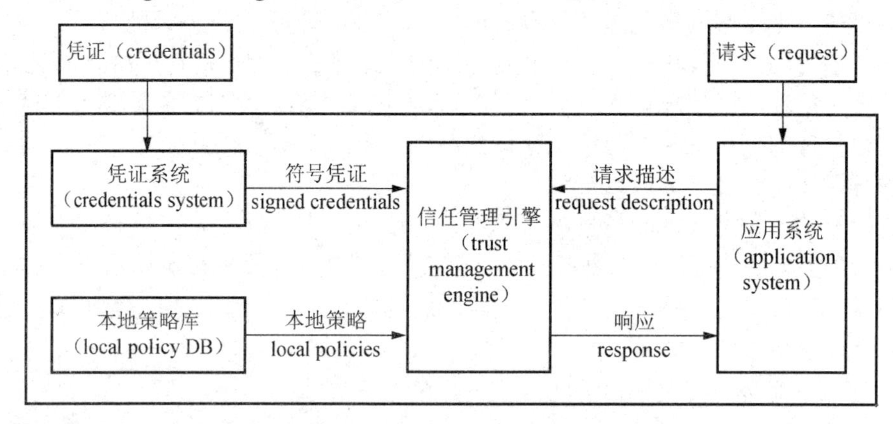

图 2-6　Blaze 等的信任管理模型

其中，信任管理引擎是整个管理模型的中心，体现了通用的、与应用无关的一致性检验算法，并根据输入的请求、信任凭证、安全策略，判断输出请求是否被许可。

信任管理引擎是信任管理系统的核心，设计信任管理引擎需要涉及以下几个主要问题。

1）描述和表达安全策略和安全信任证。

2）设计策略一致性检验算法。

3）划分信任管理引擎和应用系统之间的职能。

几个典型的信任管理系统包括 PolicyMaker、Keynote[34]和 Referee。它们均以 Blaze 信任管理体系和框架为基础进行设计并加以实现，可以统称这些信任管理技术为基于策略（或凭证）的静态信任管理技术。基于策略（或凭证）的静态信任管理技术本质上是使用了一种精确的、静态的方式来描述和处理复杂的、动态的信任关系，即通过程序以形式化的方法验证信任关系，其研究的核心问题是访问控制信息的验证，包括凭证链的发现、访问控制策略的表达及验证等。应用开发人员需要编制复杂的安全策略，进行信任评估，这样的方法显然不适合处理运行时动态演化的可信关系。

另外，基于策略（或凭证）的静态可信性保障技术主要分析的是身份和授权信息，并侧重于授权关系、委托等的研究，一旦信任关系建立，通常将授权绝对化，没有顾及实体的行为对实体信任关系的影响。而且，在基于策略（或凭证）的静态可信性保障系统中，必须事先确定管理域内、管理域间的资源是可信赖的、用户是可靠的、应用程序是无恶意的。但在新型的网络应用服务，如云计算、社会网络、物联网等大规模开放式计算系统中，交互实体间的生疏性及共享资源的敏感性成为跨管理域信任建立的屏障。大规模网络计算涉及数以万计的、处在不同安全域的计算资源，显然大量的计算资源的介入导致无法直接在各个网络实体（如应用、用户与资源）间建立实现的信任关系。

2.4.2　动态信任管理的起源和思想

1994 年 Marsh 首先从社会学、行为学等角度对基于行为的信任管理技术（behavior-based trust management technology，BTMT）进行了开创性的研究[35]。BTMT 也称为动态信任管理技术（dynamic trust management technology，DTMT），其最初在“在线贸易社区”（online trust community）构建信任和促进合作中得到了广泛的研究，如在 eBay 中，用户的高度动态性使传统的质量保障机制不起作用，动态信任机制则使松散的系统用户间可以相互评估，并由系统综合得到每个用户的信任值。

目前，有众多的学者研究了各种分布式网络系统中的动态信任关系，并使用各种不同的数学方法和数学工具，建立了动态信任关系的模型，这些研究成果体现了动态性是信任关系的本质属性，使用他们的信任模型去定义和实现这种动态的信任关系。下面根据其采用数学方法的不同，选取一些典型的分布式环境下的动态信任模型进行介绍和评述，进而发现目前研究存在的问题。

PTM（pervasive trust management，普适信任管理）是欧洲 IST FP6 支持的 UBISEC（安全的普适计算）研究子项目[36]。它定义了基于普适环境的域间的动态信任模型，主要采用改进的证据理论（D-S theory）的方法进行建模，信任度的评估采用概率加权平均的方法。Song 和 Hwang 提出了一个网格环境下的实体之间基于模糊逻辑的动态信任模型（fussy-trust model），模型包括三个组成部分，即信任的描述部分、信任关系的评估（模糊推理）部分和信任的进化（更新）部分[37]。信任的描述部分定义了信任度的模糊逻辑表示方法；模糊推理规则是根据网格中信任关系的评估（模糊推理）需求提前定义的；信任的进化（更新）部分给出了一个信任值的动态更新的表达式。Li 和 Ling 注意到不实反馈对信任管理模型的影响，提出了 P2P（peer to peer，对等）网络中基于声誉的信任管理模型 Peer-Trust[38]。在该模型中定义反馈满意度、交易总数、反馈可靠度、交易上下文因子、社区上下文因子这五大信任参数，并在此基础上提出了信任生成算法。对于结点的反馈可信度，Li 和 Ling 提出利用结点间反馈评价的相似度来进行度量，结点倾向于信任那些与自己评价意见相似的结点所给出的反馈意见。在 Peer-Trust 模型中，Li 和 Ling 通过交易上下文因子体现信任的上下文相关性特征，通过反馈可信度来降低不实反馈对模型性能的影响，通过社区上下文因子来激励结点提交反馈。应该说该模型的设计还是较为完整的，其仿真实验也表明该模型评价的准确率也较为令人满意。

Theodorakopoulos 和 Baras 提出了一种用于 Ad-hoc 网络的基于半环（semiring）代数理论的信任模型[39]。将信任问题定义为一个有向图 $G(V, E)$的路径问题，用结点代表实体，用有向边代表信任关系，然后使用半环代数理论计算两个结点之间的信任值并进行信任评估。权重函数定义为 $l(i,j): V \times V \rightarrow S$，$S$ 是观念空间（opinion space），表示为笛卡儿乘积 $S=[0,1]\times[0,1]$，信任值是一个估算值，是两个实体间经过多次交互后确立的准确和可靠的值，代表了信任的质量，在对请求实体是否可信进行判断时更为有用。Jameel 等提出了一种普适环境下基于向量机制的信任模型，综合考虑自信任、历史、时间等因子来反映信任关系动态性[40]。该模型对于一些不确定性的因素进行了数学模型化，引入了信任因子、历史因子、时间因子等，这是它与其他模型相比最显著的特点。Sun 等提出了一种基于熵（entropy）理论的信任模型，用 T（subject, agent, action）表示信任关系，$T \in [-1,1]$，用 P（subject, agent, action）表示 agent 从 subject 的观点来看可能对 subject 采取 action 的概率[41]。He 等提出了一种普适环境下基于云模型（cloud model）的信任模型（cloud-based trust model，CBTM）[42]。该云模型的形式，将实体之间信任关系的信任程度描述和不确定性描述统一起来，并给出了信任云的传播和合并算法。

不同于基于策略的静态信任管理技术和基于证书和访问控制策略交互披露的自动信任协商技术，动态信任管理技术与相关理论的主要思想是："在对信任关系进行建模与管理时，强调综合考察影响实体可信性的多种因素（特别是行为上下文），针对实体行为可信的多个属性进行有侧重点的建模。强调动态地收集相关的主观因素和客观证据的变化，以一种及时的方式实现对实体可信性评测、管理和决策，并对实体的可信性进行动态更新与演化。"[43]

2.5 国内外动态信任管理的研究现状分析

自从信任概念被引入计算机系统作为信息安全领域的一个重要内容以来，目前已经有大量的研究者对此进行了相关研究，并取得了相应的研究成果。根据科研工作者的研究成果，可以将研究归纳为信任管理模型和信任管理关键技术两个方面[44-78]。

2.5.1 信任管理模型现状分析

从 2.4 节已经知道，信任的概念是由 Marsh 等学者于 1994 年首先提出并引入计算机领域的[35]，并在文献[44, 45]中系统地阐述了信任的形式化表示问题。在此之后，Abdul-Rahman 和 Hailes[46,47]、Beth 等[48]对信任的内容和程度做了详细的划分，并发现信任具有较强的主观性特征，并根据此特点提出了相应模型来度量信任。1996 年由 Blaze 等在文献[33]中首次提出基于信任管理的安全体系用以解决分布式环境下的信任问题，在此基础上发展出了相应的信任管理系统 PolicyMaker 和 KeyNote[34]。后续研究中又有大量的信任模型不断被建立[42-76]。虽然信任模型众多，但可以根据工作模式不同，简单地分为集中式信任管理模型和分布式的信任管理模型。

1）集中式管理模型以集中式方式来获得信任信息，以中心结点来评估获得的信任。早期的信任模型大多采用集中的方式来评估信任。典型的包括 Marsh[35]的信任模型、Teng 等提出的基于证据理论的信任模型[49]、Manchala 提出的基于模糊逻辑的信任模型[50]等。目前集中式的信任系统多应用于电子商务领域，如 eBay、Amazon、Yahoo 等采用在线信誉评估系统。张伟楠[51]和 Pujol 等[52]在 P2P 环境下也提出了集中式信任模型。

集中式信任模型的特点是比较简单，容易实现，但仍存在一些问题：①仅仅依赖过于简单的反馈；②对反馈缺乏可信的分析与判断；③不能针对上下文对敏感的反馈进行处理；④缺乏对时间的考虑；⑤缺乏激励机制。

2）分布式的信任管理模型大多模拟人类社会的信任建立方式，通过社会关系来评估信任关系。较早的有 Sabater 和 Sierra 在文献[53]中明确的一个基于声望的信任系统 REGRET，利用社会网络分析和一个分等级的本体结构，将各种不同类型的声望综合起来计算出最终的结点信任值。还有 Sun 等使用信息理论中熵的概念进行信任计算，达到了信任值动态更新的目的，有较好的动态适应效果[41]。

文献[54]提出了多维度的信誉计算方法，通过将信任分为四个维度，构建了效用函数作为计算直接信任的权重之一，利用和推荐者的关系来区分推荐的可信任程度和推荐结点规模，提高了信任计算的准确性和客观性，但是由于缺乏对推荐中交互（交易）内容相似度的比较，因而推荐的可信性和可靠性难以保证；同时由于缺乏相应的奖惩评估机制，因而难以抑制推荐寡头的产生。文献[48]则提出了一个融合社会网络中信任相关的三个部分的新计算方法，通过对人的外在相似性、信息可靠性和社会看法的反馈的融合，最终判断网络中用户是否可信。但这三部分的权重如何确定却缺乏理论依据和证明。张仕斌等提出了基于云模型的信任评估方法，通过分析影响信任的确定因素和不确定因素，引入云模型，并利用特殊的方法评价属性和进行惩罚，获得了较好的效果[55]。

文献[56]针对在线社会网络中的可信人员，提出了一个扩展 Advogato 的集群信任评测方法。该方法不同于 Adovogato 方法，它通过合并社会关系强度，并且找出与每个个体用户相关的可靠用户群，而扩展的信任测度扩散机制使每个结点能沿着社会关系连接链有效地延展为连续结点，并设计能力最大流来识别本地可信用户，并且给它们划分信任级别，形成一个有序的可靠信任用户集，以防止不可靠的用户访问个人网络，较好地保护了用户的信息内容。文献[57]提出了一个基于等级经验分享社会网络中的信任预测框架。在信任网站用户中划分的明确信任等级并不总是有效而且过少，因此，该文献采用了 Rigg 的算法来计算内容质量和内容用户可信度。但迭代算法的目的是保持内容用户给出一个简单的平均受益，而实际受益却是最终的平均收益，即加权平均值，这样就使恶意用户较为容易利用这个漏洞来寻找机会获得较高的信任值。文献[58]提出了在社会网络应用中利用监督学习方法预测信任关系的演化。为预测信任关系的概率，该文献将现有问题映射为正常链接预测问题，并且采用监督学习法来解决它。虽然当前信任模型中对时间权重多采用指数形式来计算，但缺少理论的相应证明。文献[59]提出了一个 SWTrust 信任框架，该文献并不是提出建立一个完整的信任评估模型，而是从大规模在线社交网络中计算一个可信图，并纳入现有信任模型，使现有模型更有效、实用。文献[60]则提出了一个融合社会网络中信任相关的三个部分的新计算方法，通过对人的外在相似性、信息可靠性和社会看法的反馈融合，最终判断网络中用户是否可信。但这三部分的权重如何确定却缺乏理论依据和证明。

文献[61]中提出了利用招标的思想来提高推荐结点的信任查询效率和信任更新机制，主要采用了 JøSang 基于主观逻辑的信任模型[62]。该模型在对经验的评价中通过引入不确定因素，以可信、不可信和不确定三个因素来决定评估对象的信任度，但缺乏有效的激励，因而不能促进结点有效、积极地进行投标，同时由于缺乏对推荐可信性的评估，无法区分结点推荐的善恶行为。文献[63]提出了社会网络中基于竞标思想的交互（交易）结点选取机制，其中利用交互（交易）结点的信任作为其服务质量选取的重要指标，而将服务相似度的计算来作为其可信性的一个重要属性，同时注意区分结点的交互（交易）信任和推荐信任，对结点推荐的可信性做了充分的考察，使模型更加符合实际应用。

文献[38]提出了一个基于局部信誉的 P2P 下的电子社区 Peer-Trust 模型，该模型通过结点从其他结点获得的反馈、反馈的规模、反馈的可信度、区分交互上下文环境中的关键性和非关键性因素及电子社区相关的环境因素做出结点的综合信任评价。斯坦福大学的 Kamvar 和 Schlosser 提出了的 EigenRep 模型，该模型是一个典型的全局信誉模型，详细说明了在 P2P 环境下的信任计算方法[64]。文献[65]提出了一个全局信任模型，该模型充分针对 EigenRep 模型缺乏对信任的安全考虑因素，如冒名、诋毁及缺乏相关的惩罚因素等，较好地解决了推荐信任的问题。

唐文和陈钟提出了一个基于模糊集合理论的主观信任管理模型，该模型针对主观信任的模糊性，运用模糊数学方法构建了信任模型[66]。

文献[67]将结点的信任值分为资源信任值、结点贡献值、结点评价信任值三类，但忽略了结点的信任值与其在诸多影响因素下的表现有关。

文献[68]提出了 P2P 电子商务环境下的一个新的信任模型，通过投票对直接信任值进行加速，以刺激投票结点积极投票来增加信任的可信度。

文献[69]讨论了资源激励机制和分配机制之间的依赖与制约关系，从经济、信任角度提出自适应的信任-激励相容的资源分配机制。基于经济学的一般均衡理论，给出了资源提供者的动态价格调整策略，提供者可根据当前资源的供需和负载状况，制定自适应的信任-激励相容的分配策略。田春岐等提出了基于聚集超级结点的 P2P 网络信任模型[70]，虽然部分解决了信任问题，但由于缺乏对推荐信息本身不确定性问题的考虑，推荐服务质量的优劣无法有效判断。文献[71,72]对分布式计算环境下的 P2P 信任研究机制进行了较为全面的总结，但缺乏针对协同作弊问题的研究分析，因而无法有效减少网络中不断涌现的恶意推荐问题。

文献[73]提出了一个基于交互（交易）内容相似度信任模型，充分利用服务内容的相似性来表示其推荐的可信程度，在一定程度上提高了推荐信任的可靠性，但是由于没有相应的激励和惩罚机制，对降低恶意推荐仍然具有一定局限性。文献[74]提出了一个新的 MeTrust 信任管理，通过将影响信任的证据分为三个不同的层次，即结点层、路径层和图形层，保证了从信任的个性化方面来进行判断。

2.5.2　信任管理关键理论技术

在建立信任管理模型时，为保证信任关系的有序和正常需要，通过关键理论技术加以保证，因此，信任管理的关键理论技术就成为信任研究中的一个重要的、核心的内容。信任管理关键技术和所建立的模型密切相关，不同模型的信任计算方法有所差异。总结起来大致可分为如下几类，下面分别进行介绍。

（1）二元评价的简单加和或平均

二元评价的简单加和或平均方法是利用对交互（交易）评价的正面、负面反馈数量的统计，用统计的正面数量减负面数量，得到结点的信任值。eBay 就是利用这种方法来计算结点信任值的。亚马逊采用的则是正面、负面反馈数量的平均值来计算结点的信任值。该方法的优点是简单易用，缺点是准确度不高，难以适应于当前新型网络应用环境。

（2）基于贝叶斯网络的信任模型计算方法

贝叶斯网络模型方法是模拟了人类中对于不确定性信息的一种推理过程方法，其网络拓扑结构是一个有向无环图[75,76]。例如，JøSang 提出的基于贝叶斯网络的信任模型将二元的评价作为输入，并通过 Beta 概率密度函数的统计更新来计算信誉值[75]。基于贝叶斯网络信任模型计算方法的优点是提供了计算信誉值的理论基础，缺点是算法复杂且难以理解。

（3）基于 PKI 的信任模型计算方法

基于 PKI 的信任模型计算方法主要是在网络中设置少量根结点作为监督结点来对网络中其他结点进行信任授权，并定期维护网络，而其自身可信性则通过 CA（Certificate Authority，电子商务认证）中心颁发的授权（licence）来保证。

（4）基于模糊的信任计算方法

基于模糊的信任计算方法根据信息的不确定性和模糊性，通过定义隶属函数来描述个体所属的信任等级，模糊逻辑提供了该类型模糊值的推理规则。例如，Song 和 Hwang 利用模糊逻辑推理只是来计算结点局部信任度和汇聚全局的信誉，解决了由于信息模糊或不完备等因素造成的信任计算粗糙等问题[37]。基于模糊的信任计算方法具有较好的解决信息不确定所带来的问题。缺点是当需要度测多个指标时，会产生向量维数过高的问题，计算效率将受到非常大的影响。

（5）基于 D-S 证据理论的计算方法

基于 D-S 证据理论的计算方法中，证据理论是概率论的一种扩展，不同于概率论的地方在于 D-S 理论中的事件概率和不要求一定等于 1，因此，余留的概率可以看成具有不确定性。例如，朱友文等提出了利用证据理论和 shapley 熵来计算结点的综合信任值，其中利用证据理论来设计信度函数和 Dempster 规则，并且利用规则来合成相互独立的信度函数，以计算综合信任值[77]。

（6）基于链状的模型计算方法

基于链状的模型计算方法通过循环或者任意长的链进行传递迭代来计算信任或信誉。例如，Kamvar 和 Schlosser[64]及窦文等[65]提出的模型计算方法都是根据结点的长传文件历史行为为每个结点计算全局信任值。但这种方法没有很好地区分不同服务提供结点和不同结点间的差别。

（7）基于其他理论的计算方法

基于其他理论的计算方法还包括基于熵理论、半环代数理论、云模型[78]理论的计算方法等。这些计算方法也都不同程度地存在缺点和问题，如云模型理论就不能有效区分和集成身份及行为认证，并且云模型计算方法较为复杂，很难实现其原型系统。

现有成果虽然有效地推动了信任模型及其关键技术的相关研究发展，极大地丰富了人们对信任管理基本问题的认识，但从以上分析可以看出，现有的研究并不能完全适应社会网络环境中结点的可靠性要求、结点服务的积极性要求和结点充当不同角色时其行为可信性的要求，因此针对这样的一些问题，本章提出了社会网络环境下的动态推荐信任技术研究。

小　　结

本章介绍了信任管理和计算，引入了信任的概念，分析了信任的特征及当前信任面临的环境，介绍了信任关系，信任关系的划分，信任、信用和信誉的区别与联系，介绍了传统的可信计算存在的问题，并详细介绍了信任管理模型，最后详细分析了当前国内外网络应用服务中信任管理的研究现状。

参考文献

[1] 郑也夫．信任论[M]．北京：中信出版社，2015．

[2] 中国社会科学院语言研究所词典编辑室．现代汉语词典[M]．7 版．北京：商务印书馆，2016．

[3] 王建红．信用的起源[M]．北京：经济科学出版社，2016．

[4] ROUSSEAU D M, SITKIN S B, CAMMER C. Not so different after all: a cross-discipline view of trust[J]. Academy of management review, 1998, 23(3): 393-404.

[5] ZUKER L G. Production of trust: institutional sources of economic structure: 1840-1920[J]. Research in organizational behavior, 1986,(8): 53-111.

[6] 什托姆普卡·P．信任：一种社会学理论[M]．程胜利译．北京：中华书局，2005．

[7] 帕格顿·A．信任毁灭及其经济后果：以 18 世纪的那不勒斯为例[M]//郑也夫．信任：合作的关系的建立与破坏．北京：中国城市出版社，2003．

[8] SIMMEL G. The philosophy of money[M]. London: Routledge, 1978.

[9] SIMMEL G, WOLFF K H. The sociology of georg simmel[J]. The American catholic sociological review,1950, 11(3):172.

[10] DEUTSCH M，KRAUSS R M. The effect of threat on interpersonal bargaining[J]. Journal of abnormal and social psychology, 1960, 61(2): 181-189.

[11] ROTTER J B. A new scale for the measurement of interpersonal trust[J]. Journal of personality,1967, 35(4):651-665.

[12] LUHMANN N. Trust and Power[M]. Chichester: Wiley, 1979.

[13] MCALLISTER D J. Affect-and cognition-based trust as foundations for interpersonal cooperation in organizations[J]. Academy of management journal, 1995, 38(1): 24-59.

[14] DELGADO-BALLESTER E，MUNUERA-ALEMAN J L, YAGUE-GUILLEN M J. Development and validation of a brand trust scale[J]. International journal of market research, 2003, 45(1): 1-18.

[15] KAPLAN S E, NIESCHWIETZ R J. A web assurance service s model of trust for C2C e-commerce[J]. International journal of accounting information systems, 2003(4): 95-114.

[16] ZHENG Y, NIEMI V. Digital management of trust for component software[J]. International journal of computers, 2007, 1(3): 88-94.

[17] LEWIS J D, WEIGERT A J. Trust as a social reality[J]. Social forces, 1985,63(4): 967-985.

[18] SHAPIRO S P. The social control of impersonal trust[J]. American journal of sociology, 1987,93(3): 623-658.

[19] TAYLOR R G. The role of trust in labor-management relations[J]. Organization development journal, 1989, 7(2): 85-89.

[20] HARRISON M D, CHERVANY N L. What trust means in e-commerce customer relationships: an interdisciplinary conceptual typology[J]. International journal of electronic commerce, 2001-2002, 6(2): 35-59.

[21] YAMAGISHI T, YAMAGISHI M. Trust and commitment in the United States and Japan[J]. Motivation and emotion, 1994,18(2): 129-166.

[22] GOLEMBIEWSKI R T, MCCONKIE M. The centrality of interpersonal trust in group processes[M]//COOPER G L. Theories of Group Processes. London: John Wiley, 1975: 131-185.

[23] 许光全．虚拟社会信任评价及管理机制的研究[D]．天津：天津大学，2007．

[24] GANERIWAL S，BALZANO L K，SRIVASTAVA M B. Reputation-based framework for high integrity sensor networks[J]. ACM Transactions on Sensor Networks，2008, 4(3): 66-77.

[25] CHANG E, DILLON T, HUSSAIN F K. Trust and reputation for service-oriented environments: technologies for building business intelligence and consumer confidence[M]. New York：John Wiley & Sons, Ltd，2006.

[26] 桂小林，李小勇．信任管理与计算[M]．西安：西安交通大学出版社，2011．

[27] 范晓屏，吴中伦．诚信、信任、信用的概念及关系辨析[J]．技术经济与管理研究，2005（1）：98-99.

[28] 李新庚．信用论纲[M]．北京：中国方正出版社，2004．

[29] 林晓霞，杨晓东．信誉值在分布式网络中的计算和应用[J]．煤矿机械，2005（5）：57-58.

[30] 张莉．企业信誉及其产权基础[J]．生产力研究，2005（10）：226-228.

[31] DEPARTMENT OF DEFENSE COMPUTER SECURITY CENTER. Department of defense trusted computer system evaluation criteria[S]. Washington D.C.: U.S. Department of Defense, 1985.

[32] BLAZE M, FEIGENBAUM J, IOANNIDIS J, et al. The role of trust management in distributed systems security[M]//VITEK J, JENSEN C D. Secure internet programming. 1999, New York: Springer: 185-210.

[33] BLAZE M, FEIGENBAUM J, LACY J. Decentralized trust management[C]// Proceeding 17th IEEE Symposium on Security and Privacy, 1996.

[34] BLAZE M, FEIGENBAUM J, KEROMYTIS A D. Keynote: trust management for public-key infrastructures[C]// CHRISTIANSON B, CRISPO B, WILLIAM S, et al. Cambridge 1998 Security Protocols International Workshop. Berlin: Springer-Verglag, 1999: 59-63.

[35] MARSH S. Optimism and pessimism in trust[C]//Proceedings of the Ibero-American Conference on Artificial intelligence(IBERAMIA'94), 1994.

[36] ALMENAREZ F, MARIN A, DIAZ D, et al. Developing a model for trust management in pervasive devices[C]// Proceeding of the 4th IEEE Annual International Conference on Pervasive Computing and Communications Pisa, 2006.

[37] SONG S S, HWANG K. Fuzzy trust integration for security enforcement in grid computing[C]//Proceedings of the International Symposium on Network and Parallel computing (NPC2004), 2005.

[38] LI X, LING L. PeerTrust: supporting reputation-based trust for peer-to-peer electronic communities[J]. IEEE transactions on knowledge and data engineering, 2004, 16(7): 843-857.

[39] THEODORAKOPOULOS G, BARAS J S. On trust models and trust evaluation metrics for ad hoc networks[J]. IEEE journal on selected areas in communications, 2006, 24(2):318-328.

[40] JAMEEL H, HUNG L X, KALIM U, et al. A trust model for ubiquitous systems based on vectors of trust values[C]// Proceedings of the Seventh IEEE International Symposium on Multimedia, 2005.

[41] SUN Y L, YU W, HAN Z, et al. Information theoretic framework of trust modeling and evaluation for ad hoc networks[J]. IEEE journal on selected areas in communications, 2006, 24(2):305-319.

[42] HE R, NIU J W, ZHANG G W. GBTM: a trust model with uncertainty quantification and reasoning for pervasive computing[C]//Proceedings of the 3rd International Conference on Parallel and Distributed Processing and Applications, 2005: 541-552.

[43] 李小勇，桂小林. 大规模分布式环境下动态信任模型研究[J]. 软件学报，2007，18（6）：1510-1521.

[44] MARSH S. Optimism and pessimism in trust[C]//Proceedings of the Ibero-American Conference on Artificial intelligence (IBERAMIA'94), 1994.

[45] IGUCHI M, TERADA M, FUJIMURA K. Managing resource and service reputation in P2P networks[C]// Proceedings of the 37th Hawaii International Conference on System Sciences, 2004.

[46] ABDUL-RAHMAN A, HAILES S. A distributed trust model[C]//Proceedings of the 1997 workshop on New security paradigms, 1997.

[47] ABDUL-RAHMAN A, HAILES S. Using recommendations for managing trust in distributed systems[R]. Department of Computer Science, University College London ,1997.

[48] BETH T, BORCHERDING M, KLEIN B. Valuation of trust in open networks[C]// Proceedings of the European Symposium on Research in Computer Security, 1994.

[49] TENG Y, PHOHA V, CHOI B. Design of trust metrics based on dempster-shafer theory[EB/OL]. (2001-01-12) [2003-05-06]. https://www.researchgate.net/publication/2380379_Design_of_Trust_Metrics_Based_on_Dempster-Shafer_Theory.

[50] MANCHALA D W. Trust metrics, models and protocols for electronic commerce transactions[C]//Proceedings of the 18th International Conference on Distributed Computing Systems, 1998.

[51] 张伟楠．基于交易特征和反馈评价的 P2P 网络信任模型研究[D]．赣州：江西理工大学，2013.

[52] PUJOL J M, SANGAUESA R, DELAGDO J. Extracting reputation in multiagent systems by means of social network topology[C]//Proceedings of the 18th International Joint Conference on Autonomous Agents and Multi-agent Systems, 2002.

[53] SABATER J, SIERRA C. Regret: reputation in gregarious societies[C]// Proceedings of the fifth international conference on Autonomous agents, 2001.

[54] 甘早斌，丁倩，李开，等．基于声誉的多维度信任计算算法[J]．软件学报，2011，22(10)：2401-2411.

[55] 张仕斌，许春香，安宇俊．基于云模型的风险评估方法研究[J]．电子科技大学学报，2013，42（1）：92-97.

[56] AL-OUFI S, KIM H N, SADDIK A E. A group trust metric for identifying people of trust in online social networks[J]. Expert systems with applications, 2012, 39(18):13173-13181.

[57] KIM Y A, PHALAK R. A trust prediction framework in rating-based experience sharing social networks without a Web of trust[J]. Information sciences, 2012, 191: 128-145.

[58] ZOLFAGHAR K, AGHAIE A. Evolution of trust networks in social web applications using supervised learning[J]. Procedia computer science, 2011, 3: 833-839.

[59] JIANG W J, WANG G J, WU J. Generating trusted graphs for trust evaluation in online social networks[J]. Future generation computer systems, 2012.

[60] ZHAN J, FANG X. A novel trust computing system for social networks[C]//2011 IEEE International Conference on Privacy, Security, Risk, and Trust, and IEEE International Conference on Social Computing, 2011.

[61] CHEN C,WANG R C, ZHANG L, et al. A kind of trust appraisal model based on bids in grid[J]. Journal of NanJing University of posts and telecommunications (natural science), 2009, 29(5): 59-64.

[62] JØSANG A. a logic for uncertain probabilities. international journal of uncertainty[J], Fuzziness and knowledge-based systems, 2001, 9(3): 279-311.

[63] 王刚，桂小林．社会网络中交易节点的选取及其信任关系计算方法[J]．计算机学报，2013，36(2)：368-383.

[64] KAMVAR S D, SCHLOSSER M T. EigenRep: reputation management in P2P networks[C] //Lawrence S. Proceedings of the 12th International World Wide Web Conference Budapest: ACM Press, 2003.

[65] 窦文，王怀民，贾焰，等．构造基于推荐的 Peer-to-Peer 环境下的 Trust 模型[J]．软件学报，2004，15（4）：571-583.

[66] 唐文，陈钟.基于模糊集合理论的主观信任管理模型研究[J]．软件学报，2003，14（8）：1401-1408.

[67] IGUCHI M, TERADA M, FUJIMURA K. Managing resource and service reputation in P2P networks[C]// Proceedings of the 37th Hawaii International Conference on System Sciences, 2004.

[68] WANG Y, ZHAO Y L, HOU F. A new security trust model for peer-to-peer e-commerce[C]// Proceedings of the 2008 International Conference on Management of e-Commerce and e-Government, 2008.

[69] 张煜，林莉，怀进鹏，等．网格环境中信任-激励相容的资源分配机制[J]．软件学报，2006，17（11）：2245-2254.

[70] 田春岐，江建慧，胡治国，等．一种基于聚集超级节点的 P2P 网络信任模型[J]．计算机学报，2010，33（2）：345-355.

[71] LI X Y, ZHOU F, YANG X D. A multi-dimensional trust evaluating model for large-scale P2P computing[J]. Journal of parallel and distributed computing, 2011, 71(6): 837-847.

[72] 李勇军，代亚非．对等网络信任机制研究[J]．计算机学报，2010，33（3）：390-405.

[73] WANG G, GUI X L, WEI G F. A recommendation trust model based on e-commerce transactions content-similarity[C]//2010 International Conference on Machine Vision and Human-machine Interface, 2010.

[74] WANG G J, WU J. Multi-dimensional evidence-based trust management with multi- trusted paths[J]. Future generation computer systems, 2011, 27(5): 529-538.

[75] JØSANG A, ISMAIL R. The Beta Reputation System[C]//Proceedings of the 15th Bled Conference on Electronic Commerce, 2002.

[76] DENKOM K, SUN T, WOUNGANG I. Trust management in ubiquitous computing: a Bayesian approach[J]. Computer communications, 2011, 34(3): 398-406.

[77] 朱友文，黄刘生，陈国良，等．分布式计算环境下的动态可信度评估模型[J]．计算机学报，2011，34（1）：54-64.

[78] 王守信，张莉，李鹤松．一种基于云模型的主观信任评价方法[J]．软件学报，2010，21（6）：1341-1352.

第 3 章　大数据环境下面向服务的动态信任计算架构

【导言】在类似于社会网络、电子商务、移动互联网这样的大数据环境中，网络中用户之间的交互是他们之间交互的一个重要基础。在这些网络应用系统中，用户间通过以人为中心的计算方式进行感知并交互其发展速度和规模超过了以往任何一个系统。中国互联网络信息中心的报告显示，截至 2018 年 12 月，我国网民规模为 8.29 亿人，全年新增网民 5653 万人，互联网普及率达 59.6%，较 2017 年底提升 3.8 个百分点。其中，我国手机网民规模达 8.17 亿人，全年新增手机网民 6433 万人；网民使用手机上网的比例由 2017 年年底的 97.5%提升至 2018 年年底的 98.6%。2018 年，我国网民的人均周上网时长为 27.6 小时，较 2017 年提高 0.6 个小时。我国在线政务服务用户规模达 3.94 亿人，占整体网民的 47.5%[1]。

虽然网络系统给人们带来了种种好处，但风险也随之而来，作为网上交互的双方，其信息不对称的现象仍然普遍存在，并且网上交互具有的交互时空分离性、交互实体匿名性、网络空间虚拟性等因素，使得网上交互相对于传统交互方式有更多的不确定性，因此其隐藏的风险性也更大。更为严重的是，交互双方信用的缺失导致网上交互中的欺诈行为、虚假交互行为、恶意推荐行为屡屡发生。因此，保证社会网络环境下用户间的信任是网络健康发展的关键技术之一。

本章主要根据大数据环境下用户信任关系存在的问题，提出了一个大数据环境下面向服务的动态信任计算总体架构。

3.1　大数据环境下面向服务的动态信任计算总体架构

在大数据环境下的多种网络应用服务环境中，交互双方的信任关系是服务交互的基础。但信任关系的建立是一个复杂递进的过程，涉及交互历史、推荐信任和信任管理等多方面的信息，是一个基于多要素决策的复杂模型系统。因此建立一个可信的服务应用系统环境成为当前研究的主要热点之一。

本章根据当前网络系统的特点，根据前面所分析的大数据环境下的网络应用系统中存在的问题，建立了一个大数据环境下面向服务的动态信任计算总体架构，如图 3-1 所示。

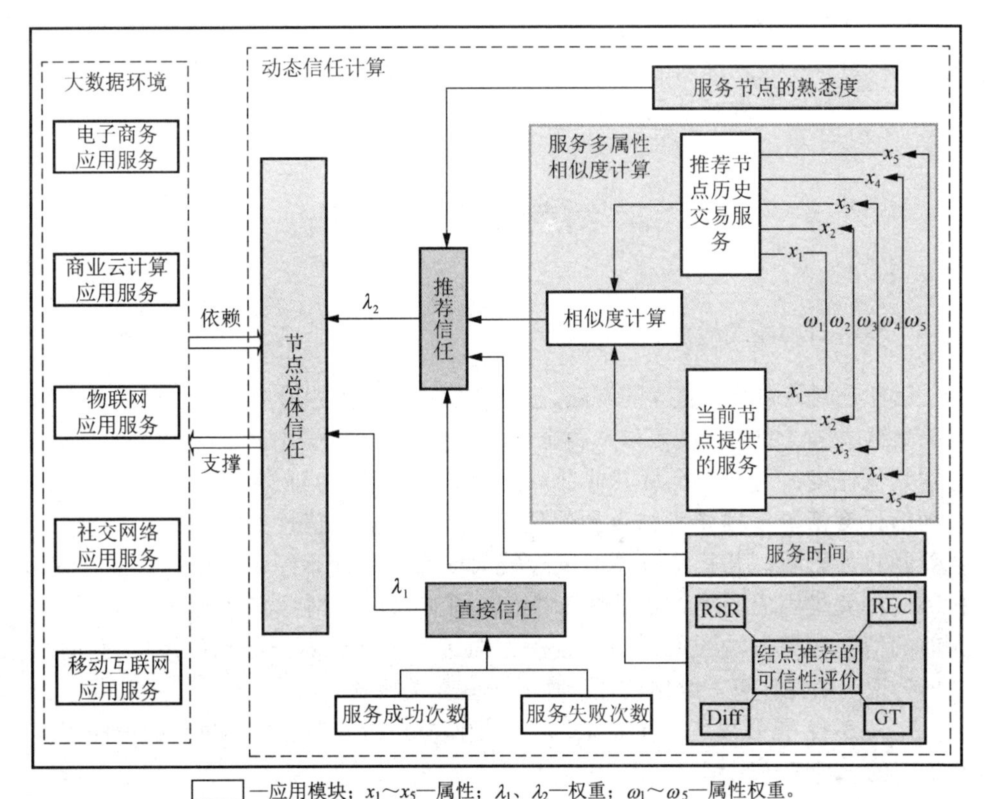

图 3-1　大数据环境下面向服务的动态信任计算架构

大数据环境下，面向服务的动态信任计算模型针对多个应用系统对信任安全的需要，将信任作为应用系统的重要支撑内容加以研究。从宏观上可以看出框架包括 3 个部分，即直接信任计算、推荐信任计算和总体信任计算。具体来讲，其主要包括如下内容。

1）直接信任计算。服务成功次数和服务失败次数与直接信任的关系和函数形式。

2）推荐信任计算。推荐信任是对服务提供结点的推荐，其和多个因素有关，包括相关服务结点的熟悉度、交互服务的相似程度、交互服务的时间、推荐结点推荐的可信性评价等。其中，服务结点的熟悉程度是一个重要的指标值；交互服务的相似程度也对推荐信任的准确性和可靠性具有重要的影响；还有推荐的可信性评价和交互服务时间对推荐信任的影响，其中，推荐的可信性评价由 4 个方面的属性来组成。

3）总体信任计算。结点的总体信任是其直接信任和推荐信任的加权综合，是判断结点的可信性和可靠性的重要保证。

本章就是针对影响信任的这几个方面进行了探讨，并在后面章节中对其中的关键技术进行了较为深入的研究，通过这些关键技术来保证结点的信任和可靠性，并为是否选择交互做好基础，向用户提供更好的交互决策依据。

3.2　结点信任计算方法

3.2.1　信任计算相关概念

信任是网络中结点交互的基础，也是评价交互结点服务质量的一项重要指标。对于网络中结点的信任度可以从两个方面得到：一个是从结点的历史交互信息中得到其信任度；另一个是从其他结点处得到的对该结点的反馈信任度。虽然这两种信任度都可单独作为结点的信任度，但是结点可信性的全面性和准确性都会受到较大影响，尤其针对当前风险较大的网络系统，经常出现恶意欺诈交互和协同作弊推荐等问题，仅考虑其中之一则难以保证网络交互的安全性。因此，当前的信任计算方法通常采用将这两方面进行融合计算出结点的总体信任值。

为说明信任计算，给出信任计算的一些相关概念。

定义 3-1：信任度（trust degree），是指服务请求者对服务提供者的信任程度，是信任的一种量化表示。

定义 3-2：直接信任度（direct trust），是指服务请求者根据自己直接与服务提供者交互获得的经验，对服务提供者的能力、诚信度和可靠性的一种量化表示。

定义 3-3：推荐信任度（indirect trust），也称为间接信任，是指服务请求者通过第三方推荐反馈所获得的对于服务提供者的能力、诚信度和可靠性的一种量化表示。

定义 3-4：总体信任（global trust），是指服务请求者通过将其直接信任和推荐信任进行加权计算得到的综合信任度。

3.2.2　直接信任计算

所谓直接信任是指根据服务请求结点 SR 与服务提供结点 SP 的历史交互情况而确定的一个直接信任值，即 SR 对 SP 的直接信任程度，如式（3-1）所示：

$$\mathrm{DT}_{\mathrm{SP}}^{\mathrm{SR}}=\frac{S_{\mathrm{SP}}^{\mathrm{SR}}}{G_{\mathrm{SR}}^{\mathrm{SP}}}=\frac{S_{\mathrm{SP}}^{\mathrm{SR}}}{S_{\mathrm{SP}}^{\mathrm{SR}}+F_{\mathrm{SR}}^{\mathrm{SP}}} \tag{3-1}$$

其中，$\mathrm{DT}_{\mathrm{SP}}^{\mathrm{SR}}$ 代表直接信任值，$\mathrm{DT}_{\mathrm{SP}}^{\mathrm{SR}}\in[0,1]$；$S_{\mathrm{SP}}^{\mathrm{SR}}$ 代表 SR 和 SP 交互的满意次数，即成功次数；$F_{\mathrm{SR}}^{\mathrm{SP}}$ 表示 SR 和 SP 交互的不满意次数，即不成功次数；$G_{\mathrm{SR}}^{\mathrm{SP}}$ 代表 SR 和 SP 交互的总次数，$G_{\mathrm{SR}}^{\mathrm{SP}}=S_{\mathrm{SP}}^{\mathrm{SR}}+F_{\mathrm{SR}}^{\mathrm{SP}}$。当 $G_{\mathrm{SR}}^{\mathrm{SP}}=0$ 时，表示服务请求结点和服务

提供结点间无交互历史，这时将该服务提供结点的直接信任度设置为$\mathrm{DT}_{\mathrm{SP}}^{\mathrm{SR}}=0.5$，表示该结点的可信或不可信各占一半。同时，由于信任的反对称性，$\mathrm{DT}_{\mathrm{SP}}^{\mathrm{SR}}$与$\mathrm{DT}_{\mathrm{SR}}^{\mathrm{SP}}$不一定相等。

3.2.3　推荐信任计算

结点的推荐信任计算方法就是通过对结点的多个推荐信任进行平均后得到的信任值。其计算公式就是将每个推荐结点 R_i 与服务提供结点 SP 的直接信任进行平均后，得到的推荐结点与交互提供结点直接信任的平均值，如式（3-2）所示：

$$\overline{\mathrm{RT}_{\mathrm{SP}}}=\frac{\sum_{i=1}^{n}\mathrm{DT}_{\mathrm{SP}}^{R_i}}{n},\ n=1,2,\cdots,j=1,2,\cdots \tag{3-2}$$

其中，$\overline{\mathrm{RT}_{\mathrm{SP}}}$表示 i（i=1,2,…）个推荐结点 R_i 对服务提供结点 SP 的综合推荐信任值。

3.2.4　总体信任计算

总体信任计算就是将直接信任和推荐信任进行加权综合计算，如式（3-3）所示：

$$\mathrm{GT}_{\mathrm{SP}}^{\mathrm{SR}}=(\lambda\quad\gamma)\begin{pmatrix}\mathrm{DT}_{\mathrm{SP}}^{\mathrm{SR}}\\ \overline{\mathrm{RT}_{\mathrm{SP}}}\end{pmatrix} \tag{3-3}$$

其中，$\mathrm{GT}_{\mathrm{SP}}^{\mathrm{SR}}$表示服务请求结点 SR 对服务提供结点 SP 的总体信任度；$\mathrm{DT}_{\mathrm{SP}}^{\mathrm{SR}}$表示服务请求结点 SR 对服务提供结点 SP 的直接信任度；λ、γ分别表示直接信任和推荐信任的权重系数，且$\lambda+\gamma=1$。

3.3　概念相似度计算相关工作分析

目前概念相似度的计算方法在许多领域中都有相应的研究和应用，尤其是在信息的抽取、检索、分类和挖掘方面，以及推荐应用系统、网络舆情监控系统、机器智能翻译系统等应用领域具有较为深入的研究，其研究已成为当前多个应用领域的重要关键性技术。

在针对概念相似度的计算研究中，很多研究者根据自己的兴趣和所处的研究角度将计算方法划分为不同的类型，其中有基于语义距离的计算方法、基于名称标识的计算方法[2]、基于语料库的计算方法[3,4]、基于同义词词典的计算方法[5,6]

和基于图结构的计算方法[7]，还有从语义内容信息量等区分的概念相似度计算方法[8]。文献[9]基于概念词汇计算概念间的相似度。文献[10]中的 GLUE 系统提出了以字面相似度计算的方法，利用联合分布概率统计的方法对概念实例进行计算，以确定概念间的语义相似度。文献[11]采用子概念间相似度计算概念间相似度。其中，字面相似度的计算方法主要有基于编辑距离的计算方法和基于相同字或词的方法[12,13]。

虽然计算方法非常多，但通过分析发现概念相似度与语义距离、语义重合度、概念的宽度、概念的深度、树的深度、概念的权重、边的权重、概念信息量、边的强度这些影响因素有关，将这些影响因素概括为两个方面：概念的结构和概念的内容。因此，概念相似度的计算方法归纳起来主要包括：①基于语义距离的概念相似度计算[14-19]；②基于信息内容的概念相似度计算[15,16]；③基于多策略组合的概念相似度计算[17-22]。其中，基于语义距离的概念相似度计算模型简单、直观，但对概念结构具有较大的依赖性，随着结构的差异对语义的相似度影响较大，并且通过人工加权系数的方法定义语义距离，存在主观性较强的问题。基于信息内容的概念相似度计算充分利用了信息理论和概率统计理论，通过概念共享的语义信息量大小来衡量概念相似度，具有更好的效果，但当共享的语义信息一致时，存在因为概念相似度相同而造成概念间缺乏细致区分的能力。基于多策略组合的概念相似度计算综合考虑了语义和信息内容两个方面，同时增加了更多语义结构方面的影响因素，因此计算的相似度更接近事实情况，但是其约束因子太多，因而效率和实用性是其主要瓶颈，并且依然无法彻底消除人工加权系数存在较强的主观性问题。

小　结

本章根据大数据环境下多种网络应用系统服务中存在的信任安全问题，通过分析，提出了大数据环境下的动态信任计算总体架构和其中关键性构件之间的关系，同时简述了结点信任计算的通用方法和其中的关键技术，并在后续章节逐一详细介绍。

参 考 文 献

[1] 中国互联网络信息中心．中国互联网络发展状况统计报告（2019 年 2 月）[R]．北京：中国互联网络信息中心，2019.

[2] WANG J Z，DU Z，PAYATTAKOOL R，et al. A new method to measure the semantic similarity of GO terms[J] .Bioinformatics, 2007, 23(10): 1274-1281.

[3] 荀恩东，颜伟．基于语义网计算英语词语相似度[J]．情报学报，2006，25（1）：43-48.

[4] AGIRRE E, RIGAU G. A proposal for word sense disambiguation using conceptual distance[C]//Proceedings of International Conference on Recent Advances in Natural Language Processing, 1995: 258-264.
[5] 张凯勇．基于 WordNet 的词语及短文本语义相似度算法研究[D]．北京：吉利大学，2011．
[6] 谢文玲，潘建国．基于语义相似度的个性化检索[J]．计算机应用于软件，2011，28（5）：161-191．
[7] RESNIK P. Disambiguating noun grouping with respect to wordnet senses[C]// Proceedings of the 3rd Workshop on Very Large Corpora, 1995.
[8] CHATTERJEE N. A statistical approach for similarity measurement between sentences for EBMT[C]//STRNS-2001 Symposium on Translation Support System, 2001.
[9] 吴健，吴朝晖，李莹，等．基于本体论和词汇语义相似度的 Web 服务发现[J]．计算机学报，2005，28（4）：2054-2062．
[10] 杨立，左春，王裕国．基于语义距离的 K-最近邻分类方法[J]．软件学报，2005，16（12）：2054-2062．
[11] LING S, JUN M, LI L, et al. Fuzzy similarity from conceptual relations[C]// IEEE Asia-Pacific Conference on Services Computing, 2006.
[12] MONGE A, ELKAN C. The field-matching problem: algorithm and applications[C]// Proceedings of the second Internet Conference on Knowledge Discovery and Data Mining. Oregon, 1996.
[13] NIRENBURG S, DIMASHNEV C, GRANNES D J. Two approaches to matching in example-based machine translation[C]//Proceeding of the 5th International Conference on Theoretical and Methodological Issues in Machine Translation, 1993.
[14] RESNIK P. Using information content to evaluate semantic similarity in a taxonomy[C]// Proceedings of the 14th International Joint Conference on Artificial Intelligence, 1995.
[15] RESNIK P. Semantic similarity in a taxonomy: an information based measure and its application to problems of ambiguity in natural language[J]. Journal of artificial intelligence research, 1999,11(1):95-130.
[16] ZHANG Z P, TIAN S X, LIU H Q. Compositive approach for ontology similarity computation[J] .Computer science, 2008, 35(12): 142-145.
[17] 王惠敏，聂规划，付魁．领域本体中基于多维特征的语义相似度算法研究[J]．情报杂志，2008（10）：28-30．
[18] 王志晓，张大陆．针对边计算法的语义相似度计算优化算法[J]．模式识别与人工智能，2010，23（2）：274-277．
[19] 吴飞珍，马文丽，王旺迪，等．一种新的基因注释语义相似度计算方法[J]．生物信息学，2010，8（1）：23-28．
[20] 史斌，闫建卓，王普，等．基于本体的概念语义相似度度量[J]．计算机工程，2009，35（11）：83-85．
[21] 聂规划，左秀然，陈冬林．本体映射中一种改进的概念相似度计算方法[J]．计算机应用，2008，28（6）：1564-1565．
[22] 刘群，李素建．基于《知网》的词汇语义相似度计算[J]．中文计算语言学，2002，7（2）：59-76．

第 4 章　基于服务内容领域本体概念相似度的推荐信任方法

【导言】虽然信任计算的一般方法中采用了推荐反馈作为信任计算准确性的一项重要指标，但是仍然存在一些难以解决的信任问题，如结点间可以利用协同推荐来获取较高的信任度，这就使一些结点可以利用推荐来获取信任进行虚假交互和协同作弊推荐，给网络交互和信任管理带来了安全隐患。

本章在当前通用的信任计算方法基础上对信任计算进行了深入的研究，充分考虑了当服务提供结点与服务推荐结点的历史服务内容和当前服务请求结点的请求服务内容有偏差或不同时，可能会引发信任计算的不可靠性问题，提出了交互内容领域本体概念相似度的推荐信任模型，通过对交互内容本体概念相似度的计算来明确推荐的服务和待交互的服务的接近程度，以此来确保信任计算的准确性，保证了信任计算的可靠性。同时，区分熟人推荐及陌生人推荐，并将熟人推荐又划分为直接熟人推荐和间接熟人推荐，这样使推荐信任的计算更加准确，也使得信任系统更加符合真实应用环境。

4.1　问 题 分 析

在当前信任模型中，利用可信的第三方推荐信息来对结点可信性进行决策已成为当前信任模型的一个重要趋势，潜在的服务请求者往往更愿意通过利用第三方的推荐信息来判断服务提供者的可信性，以方便决定是否接受服务，所以结点信任值的计算方法大多是通过直接信任和推荐信任的简单融合而计算得到，这在部分程度上解决了服务结点的信任问题。但是从实际的应用及研究分析来看，还存在两个方面的问题。

1）虽然信任计算已经解决一些问题，但是不同结点有不同喜爱偏好的情感因素，因而每次交互的内容可能会有不同，这将造成一个结点对另外一个结点的服务评价由于服务内容不同而存在差异。但当前信任计算模型缺少对这方面的比较，造成很多结点的推荐信任是不够准确的，这为某些恶意结点带来了可乘之机，它们利用无区分的推荐来进行协同作弊以提高或降低某一结点的信任值，给网络交互和信任管理带来较大的隐患。

2）从社会学和人的认知角度来看，一个推荐者的可信程度是和服务请求者的熟悉程度密切相关的。当推荐者和服务请求者较熟悉时，其推荐的可信性要高于不熟悉的情况，然而目前的推荐信任模型中却忽略了对这方面的考虑，常常造成信任值高的结点其推荐也更可信的问题。

因此，寻找合适的办法来消除或减少这种差异对信任计算不够精确的问题，将对防止恶意结点欺诈和协同推荐作弊起到一个至关重要的作用。

4.2　推荐信任方法的架构

针对存在的问题，本节提出了基于服务内容本体概念相似度的推荐信任计算方法——DOCSRTrust 方法来具体解决存在的问题，并最终遏制恶意欺诈和协同推荐作弊的问题。

1）针对网络结点的兴趣不同所造成的推荐结点的历史服务内容和当前交互服务内容可能存在不一致或不同的情况，考虑通过计算它们服务的相似程度来解决此问题，然而网络服务内容过多，不同领域、不同名称概念的服务其相似度计算有可能存在很大的偏差，尤其在电子商务这样的大数据环境下问题尤为突出。鉴于此，本章提出了基于服务内容本体概念相似度的方法来解决服务内容偏差所引起的推荐可信性问题，通过计算服务内容本体概念相似度，可以有效区分出推荐结点的历史交互服务内容与当前的服务交互内容的本体概念是否相似，以此来保证和区分结点推荐的可信性问题。

2）针对信任值高的结点其推荐也更可信的问题，本章在计算推荐信任时，从社会心理学角度出发，利用推荐结点与服务请求结点之间的熟悉程度会对推荐信任产生不同影响，将推荐结点划分为两类：熟人推荐结点和陌生人推荐结点。其中，熟人推荐结点又可分为直接熟人推荐结点和间接熟人推荐结点。充分区分熟悉程度不同其相应的推荐可信性不同所造成的信任计算差异性，使结点的推荐信任计算更加精确，避免了以往推荐计算的模糊性和不确定性问题。

在介绍模型之前，首先引入几个概念。

定义 4-1：直接熟人推荐结点（direct acquaintance recommendation nodes）是指和资源需求结点发生过交互历史的结点。

定义 4-2：间接熟人推荐结点（indirect acquaintance recommendation nodes）是指和直接熟人推荐结点发生过直接或间接交互的结点。

定义 4-3：陌生人推荐结点（stranger recommendation nodes）是指相对于直接熟人推荐结点和间接熟人推荐结点的其他推荐结点。

从服务的买卖关系上看，服务请求结点、服务提供结点和服务推荐结点之间的关系如图 4-1 所示。

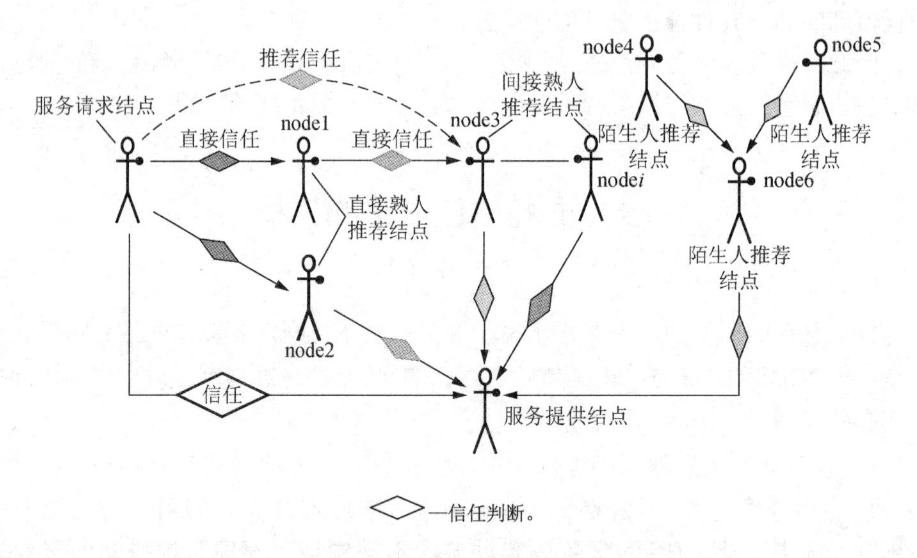

图 4-1　网络结点关系描述

在图 4-1 中，node1 和 node2 被称为直接熟人推荐结点，node3 被称为间接熟人推荐结点，node4、node5 和 node6 则被称为陌生人推荐结点。从人的认知行为来看，服务请求者判断服务结点是否可信，某种程度上是依赖服务结点和评估者的熟悉程度，即 node1 的推荐比 node3、node *i* 等的推荐可信度要高，也比 node4、node5、node6 的推荐可信度要高。

根据以上社会人际心理分析，本章提出了基于交互内容本体概念相似度推荐信任模型，根据服务请求结点和服务提供结点的交互内容与服务推荐结点与服务提供结点的历史交互内容的相似度来保证推荐的可信性，以抑制结点恶意协同作弊推荐的问题，模型框架图如图 4-2 所示。

在图 4-2 中，信任值表是每个结点维护的服务提供结点，即目标结点的信任值表；交互历史信任记录集是每个结点的交互历史日志数据集；$\overline{\mathrm{RT}_k}$ 是网络中推荐结点的综合间接信任值；GT 是服务提供结点的综合信任值。

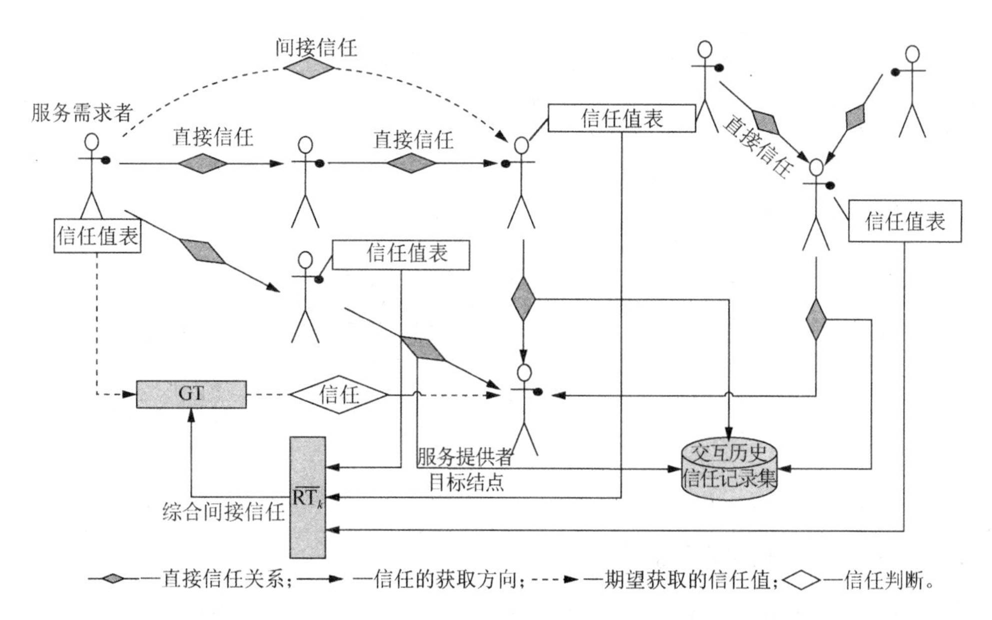

图 4-2　基于服务内容本体概念相似度推荐信任计算框架图

4.3　本体概念及构建方法

4.3.1　本体的概念和描述方法

本体（ontology）的概念源于哲学，随着人工智能的发展，逐渐将本体的概念引入计算机领域，1991 年，Neches 等最早给出了 ontology 的定义，即“给出构成相关领域词汇的基本术语和关系，以及利用这些术语和关系构成的规定这些词汇外延的规则的定义”[1]。1993 年，Gruber 给出了本体的定义：“本体是概念模型的明确的规范说明”[2,3]；1997 年，Borst 给出了本体的另一种定义：“本体是共享概念模型的形式化规范说明”[4]；在此基础上，1998 年，Studer 等认为“本体是共享概念模型的明确的形式化规范说明”，这包含 4 层含义，即概念模型（conceptualization）、明确（explicit）、形式化（formal）和共享（share）[5]。简单地讲，本体就是用来描述某个领域甚至更广范围内的概念及概念之间的关系，使这些概念和关系在共享的范围内具有大家共同认可的、明确的、唯一的定义[6]。表 4-1 列举了本体概念在计算机领域的研究进展情况。

表 4-1　本体概念在计算机领域的研究进展情况

范畴	提出时间/提出人	定义
哲学	—	客观存在的一个系统的解释和说明，客观现实的一个抽象本质
计算机	1991 年/Neches 等	给出构成相关领域词汇的基本术语和关系，以及利用这些术语和关系构成的规定这些词汇外延的规则的定义
	1993 年/Gruber	概念模型的明确的规范说明
	1997 年/Borst	共享概念模型的形式化规范说明
	1998 年/Studer 等	共享概念模型的明确的形式化规范说明
	2006 年/杜小勇等	用来描述某个领域甚至更广范围内的概念及概念之间的关系，使这些概念和关系在共享的范围内具有大家共同认可的、明确的、唯一的定义

4.3.2　服务内容领域本体的构建

考虑服务交互内容种类繁多、关系复杂，构建整个商品领域的本体难度很大，而构建各分领域的本体相对容易很多，因此，本节提出了基于内容用途的分层次交互服务内容本体构建法。在不同场景中，不同角色可能对于服务内容用途的主观认知并不完全一致[7]，这将造成服务内容领域本体的构建出现概念交叉、上下位概念不一致，以及属性交叉等问题，为本体的顺利构建带来很多阻碍，因此本章构建的服务内容本体仅从交互的销售角度出发，即服务请求者的使用性出发来考虑，避免了交互场景中角色不同所造成的概念异位、属性交叉等问题。

1. 本体的形式化定义和表示

本体的结构是一个五元组[8] $O:=\left\{C,R,H^{c},\mathrm{Rel},A^{o}\right\}$，其中，$C$ 是概念；R 是关系；H^{c} 是概念层次；Rel 是概念间的非分类关系；A^{o} 是公理。Perez 等认为本体包含 5 个基本的建模元语：类、关系、函数、公理和实例[9]。在这 5 个因素中，概念是本体的核心，代表了领域中实体的集、集成或类型[10]。

定义 4-4：本体的表示采用五元组的形式，即

$$O_{\text{product}}=\{C_{\text{service}},R_{r},A^{C_{\text{service}}},A_{\text{service}}^{R_{r}},X_{\text{service}}\} \tag{4-1}$$

其中，C_{service} 表示概念的集合；R_{r} 表示关系的集合；$A^{C_{\text{service}}}$ 表示多个属性集合组成的集合，是概念的属性集合；$A_{\text{service}}^{R_{r}}$ 表示由多个属性集合组成的集合，是概念间关系的集合；X_{service} 表示公理集合。

定义 4-5：若概念 $C_{\text{service}}^{i},C_{\text{service}}^{j}\in C_{\text{service}}$，关系 R_{r} 取值 $r=\left\langle C_{\text{service}}^{i},C_{\text{service}}^{j}\right\rangle$，则概

念 C^i_{service}与C^j_{service} 具有关系 R_r，记为 $C^i_{\text{service}}R_rC^j_{\text{service}}$，且 $C^j_{\text{service}}\in\left\{C^i_{\text{service}}\right\}\odot r$，$C^i_{\text{service}}\in r*\left\{C^j_{\text{service}}\right\}$。

其中，$\odot$ 表示 $C_{\text{service}}\times R\to C_{\text{service}}$；$*$表示 $R\times C_{\text{service}}\to C_{\text{service}}$，$C_{\text{service}}$ 为概念域，R 为关系域。R_r 的逆关系记为 R_r^{-1}，$r^{-1}=\left\langle C^j_{\text{service}},C^i_{\text{service}}\right\rangle$，则 $C^i_{\text{service}}\in\left\{C^j_{\text{service}}\right\}\odot r^{-1}$，$C^j_{\text{service}}\in r^{-1}*\left\{C^i_{\text{service}}\right\}$。

定义 4-6：概念 $C^i_{\text{service}}\in C_{\text{service}}$（$i\in\mathbf{N}$），则 $A^{C_{\text{service}}}$ 表示多个属性集合组成的集合，其中每个属性集合对应一个概念。

$$A^{C_{\text{service}}}=\left\{A^{C_{\text{service}}}(C^1_{\text{service}}),A^{C_{\text{service}}}(C^2_{\text{service}}),\cdots,A^{C_{\text{service}}}(C^i_{\text{service}})\right\}\tag{4-2}$$

定义 4-7：若概念 $C^i_{\text{service}},C^j_{\text{service}}\in C_{\text{service}}$，且 $A^{C_{\text{service}}}(c^i_{\text{service}})\subseteq A^{C_{\text{service}}}(c^j_{\text{service}})$，则 $C^j_{\text{service}}\in \text{is\_subclass\_of}*\left\{C^i_{\text{service}}\right\}$，或者 $\left\langle C^j_{\text{service}},C^i_{\text{service}}\right\rangle\in\text{is\_subclass\_of}$。

定义 4-8：对概念 $C^i_{\text{service}},C^j_{\text{service}}\in C_{\text{service}}$，若 $A^{C_{\text{product}}}(c^i_{\text{product}})\supseteq A^{C_{\text{product}}}(c^j_{\text{product}})$，且 $A^{C_{\text{service}}}(c^i_{\text{service}})\supseteq A^{C_{\text{service}}}(c^j_{\text{service}})$，则 $C^i_{\text{service}}\equiv C^j_{\text{service}}$。

定义 4-9：对概念 $C^i_{\text{service}},C^j_{\text{service}}\in C_{\text{service}}$，若 $C^i_{\text{service}}\subseteq\neg C^j_{\text{service}}$，则 $(C^i_{\text{service}},C^j_{\text{service}})\in$ Disjointwith。

2. 领域本体的构建步骤

目前本体构建的方法还不成熟，没有一套完整、统一的方法论。较为典型的有骨架法（又称 enterprise ontology 法）、评估法（又称 TOVE 法）、Bernaras 方法、METHTOLOGY 方法、SENSUS 方法及 Cyc 方法。由于这些方法都是针对某个具体项目，没有统一的方法、标准，通用性较差。本章参考现有的领域本体构建原则和方法，提出了一个适用于本课题的交互商品本体构建方法——基于服务使用性的分层次交互服务领域本体构建法。

领域本体的构建首先是确定本体的分类体系和知识领域，进而确定领域本体范围，进行领域分析，把领域内的知识用类、概念、关系和属性表示出来，最后建立领域的本体结构。通过自上而下的本体分析和设计、自下而上的本体构建和整合，快速构建服务内容领域本体的原型。

本章将服务内容本体的分类体系按照服务内容的使用属性划分为五类，即“衣、食、住、行、用”，再在各子类上继续按照本类划分。具体做法是将服务领域按人对其的使用属性划分为若干子领域，如“衣、食、住、行、用”，再将各子领域按其属性划分为更小的子领域，以等级层层展开，详尽列举，逐步建立起各层次的领域本体（图 4-3）。同时在划分子领域时采用统一的标准，并且各子领域间属性具有排他性，即满足式（4-3）的条件：

$$C_{i:j} \cap C_{i:k} = \varnothing \tag{4-3}$$

其中，$C_{i:j}$ 与 $C_{i:k}$ 是 C_i 领域下划分的子领域 j 和 k，$i,j,k = 1,2,\cdots,n$，并且 $j \neq k$。

本节利用 Protégé 3.4.1 来创建、编辑和完善本体。Protégé 3.4.1 是美国斯坦福大学开发的基于 Java 的开源本体构建软件，其集成了 OWL+DL 本体描述语言，是当前本体构建开发中的强有力工具软件。

（1）确定领域本体的分类体系

本体的分类体系就是本体中类的分类体系。服务商品内容的分类常以商品的用途、原材料、生产方法、化学成分、使用状态等作为依据来进行划分。本章研究的交互服务商品本体的分类按服务内容商品对人的使用价值来划分，其优点是便于比较相同用途的各种服务商品的质量水平、性能特点和效用等，这符合本章的研究内容。因此，可将交互商品本体的分类划分为“衣、食、住、行、用”五类，在此基础上再继续划分其子类，各子类则有相对应的各学科领域中已存在的类和概念，其逻辑层次结构如图 4-3 所示。

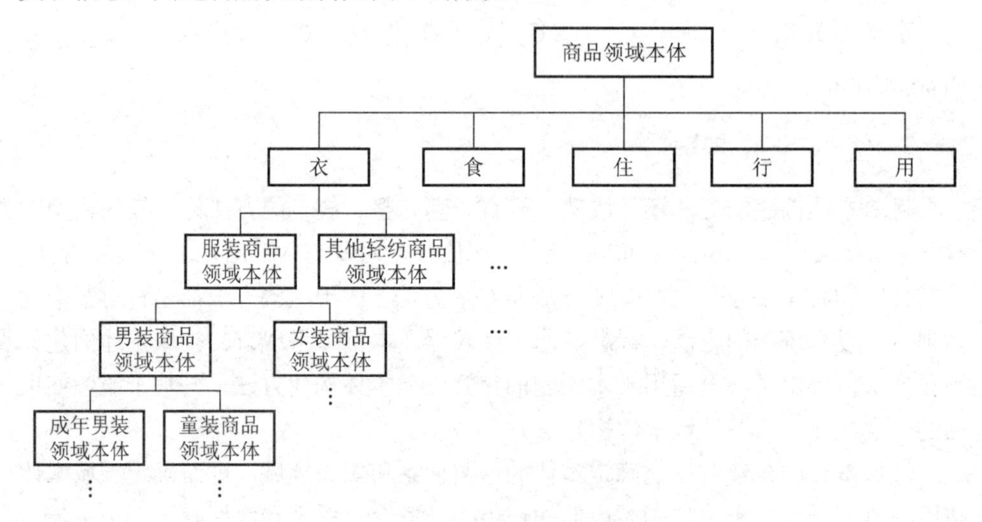

图 4-3　交互服务内容领域本体的逻辑层次结构

（2）确定领域本体范围

随着各学科间的交叉边缘化发展，某一领域知识总会涉及一些其他领域知识，使领域边界变得模糊，因此做好领域范围的界定是一件非常重要的工作。本章的领域本体范围界定采用系统需求功能分析法，通过分析需求，确定领域本体的边界和范围，其具体分析内容和达到的目标如表 4-2 所示。

表 4-2　领域本体需求分析内容和达到的目标

领域本体系统需求分析	分析内容	达到的目标
	所建领域本体有哪些需求	建立的本体作为服务交互（交易）内容
	所建本体覆盖包含的范围有哪些	所建本体属于服务商品交互（交易）类
	构建本体的目的和作用有哪些	解决服务内容概念的唯一性
	构建本体的应用主体有哪些	网络服务提供者、需求者和推荐者

（3）确定领域本体的基本概念

在确定商品领域本体概念的时候，应从商品类型和商品本体的属性上去确定该领域本体的相关概念。例如，以“用”这个领域中汽车商品本体概念的确定为例来讲，就应该从汽车的类型和汽车商品本体的关键属性上进行划分，在综合考虑汽车商品每一层的子类和其子类、父类的关系后，形成汽车商品本体的各层关系和概念。举例说明，轿车作为汽车商品领域的一个本体概念，是因为从类型上其属于汽车商品类型，并具有汽车商品本体的属性，如使用性。至于轿车是作为私人用车还是作为出租车则不作为确定本体概念的因素。《中国图书馆分类法》（第五版）中对于汽车的分类如下：U469.1 为客车，U469.11 为小客车、轿车、微型汽车，U469.12 为出租小客车，U469.13 为公共汽车，U469.14 为客货两用车。其中，出租小客车和公共汽车就不能作为汽车商品服务本体的概念。

领域本体概念数据源的获取方法一般有两种：一种是通过叙词表、专业词典等来提取领域概念；另一种是对语料库或文本资料进行统计分析，计算概念在领域中的权重，选择权重大的概念作为领域概念。本章构建的商品领域本体术语主要参考《中国图书馆分类法》《中国商标商品分类表》商品分类目录，同时参考了百度、淘宝等对电子商务产品的分类及定义作为概念数据源。概念则从商品类型和商品本体的属性上加以确定。例如，汽车商品本体概念的确定，应从汽车的类型和汽车商品本体的使用性等关键属性上进行划分，再综合考虑汽车商品每一层的子类和其子类、父类的关系后，形成汽车商品本体的各层关系和概念，而商品的具体用途不作为关键性属性。表 4-3 所示为汽车商品本体概念命名实例。

表 4-3　汽车商品本体概念命名实例

概念名	父类	子类	使用性	具体用途
汽车	商品	客车、载货汽车	交通运输	
客车	汽车	小客车、出租小客车、公共汽车、客货两用车	载人	
小客车	客车		载人	出租车、私家车、企业用车
轿车	客车		载人	出租车、私家车、企业用车

续表

概念名	父类	子类	使用性	具体用途
微型汽车	客车		载人	出租车、私家车、企业用车
客货两用车	客车		载人、载货	私家车、企业用车

同样，对于服装类本体概念命名采用相同的方式进行，在此不再赘述。

（4）分析、抽取领域中的重要概念和定义之间的关系

类是对具有相同本质属性的对象集合的定义。本节通过关键成功因素法来划分商品领域本体的类和属性。关键成功因素是指影响各商品领域本体的关键性概念和因素。由于服务内容过于繁杂，将以“衣”领域中的主要概念进行举例分析，如将“衣”领域的类划分为女性服装、男性服装、成年男性服装、男童服装、成年男性春装、成年男性秋装、成年男性夏装、成年男性冬装、羽绒服、棉衣、毛衣、皮衣、服务提供者、服务请求者等。属性包括销售、购买、组成、组成于等。

在建立类和类之间的层次关系时，采用自顶向下的分析，从整体出发，由综合的、概括性的上位类到具体的、特殊的下位类；同时采用自底向上的归纳和综合，逐渐形成和调整上位类，最终构造出整个本体结构。图 4-4 所示为“成年男性冬装”领域本体的主要概念逻辑关系。

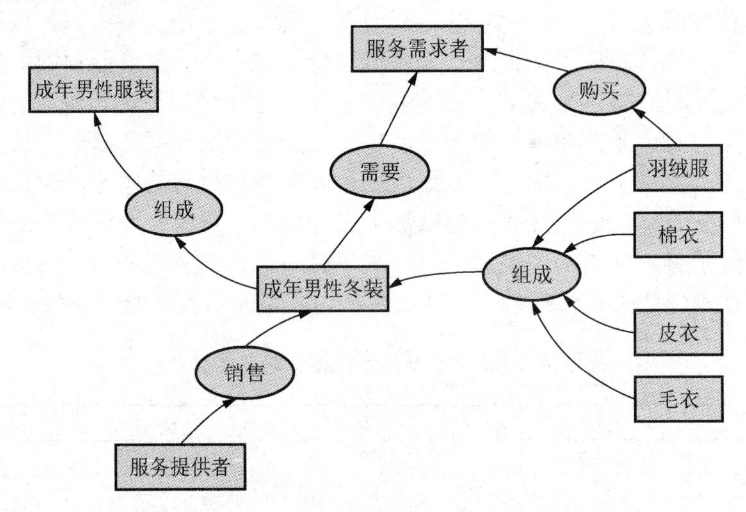

图 4-4　“成年男性冬装”领域本体的主要概念逻辑关系

可以构建其类和子类关系，如表 4-4 所示。

表 4-4　术语表

术语	类型	注释
Product	类	网络结点提供的服务内容总类
Automobiles	子类	汽车服务的总类，是服务内容总类的子类
Car	子类	小型汽车（汽车类的子类）
Coach	子类	公共汽车（汽车类的子类）
Truck	子类	卡车（汽车类的子类）
Clothes	子类	服装总类（服务内容总类的子类）
Female_wear	子类	女性服装类（服装类的子类）
Male_wear	子类	男性服装类（服装类的子类）
Adult_Male_coat	子类	成年男性服装类（男性服装类的子类）
Male_Child_coat	子类	男童装类（男性服装类的子类）
Male_Spring_Autumn_coat	子类	男春秋装类（男性服装类的子类）
Male_Summer_coat	子类	男夏装类（男性服装类的子类）
Male_winter_coat	子类	男冬装类（男性服装类的子类）
cotton_Dress	子类	棉衣类（男冬装的子类）
cotton_Dress_1	实例	棉衣类的对象实例 1
cotton_Dress_2	实例	棉衣类的对象实例 2
down_Coat	子类	羽绒服类（男冬装的子类）
down_Coat_1	实例	羽绒服类的对象实例 1
furriery	子类	皮衣类（男冬装的子类）
sweater	子类	毛衣类（男冬装的子类）
digital_product	子类	数字服务总类（服务总类的子类）
Mobile_computer	子类	笔记本类（数字服务总类的子类）
Mobile_phone	子类	手机类（数字服务总类的子类）
MP4	子类	MP4 类（数字服务总类的子类）

可以通过 Protégé 3.4.1 得到其相应类名结构，如图 4-5 所示。

（5）添加类的属性

属性描述了类的特征、特性，是对概念间关系的定义和描述，确定属性能够准确表达概念间的关系是很重要且难度很大的一项工作。定义属性时要本着全面准确的原则，同时还要尽可能做到无遗漏。这里需要注意的是，子属性和其子属性应属于同一类型，并且类别相同，即都是对象属性或都是数据属性。服务内容本体的属性构建浏览窗口如图 4-6 所示。

（6）定义属性限制

属性限制有两类，即值限制和基数限制。其中，值限制包括 allValuesFrom、someValuesFrom、hasValue。将定义好的属性和类进行关联限定，其结果如图 4-7 所示。

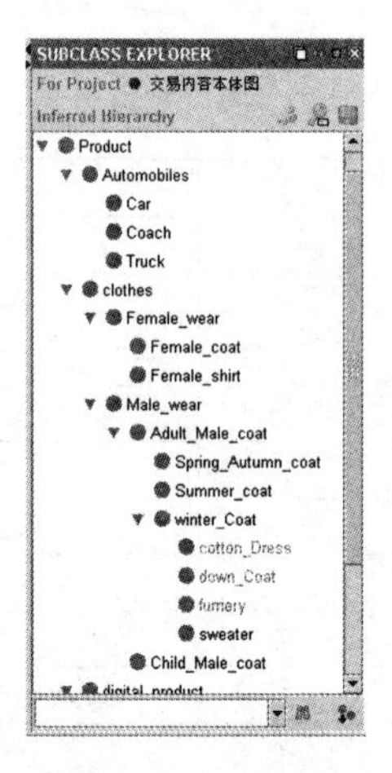

图 4-5　类的概念定义

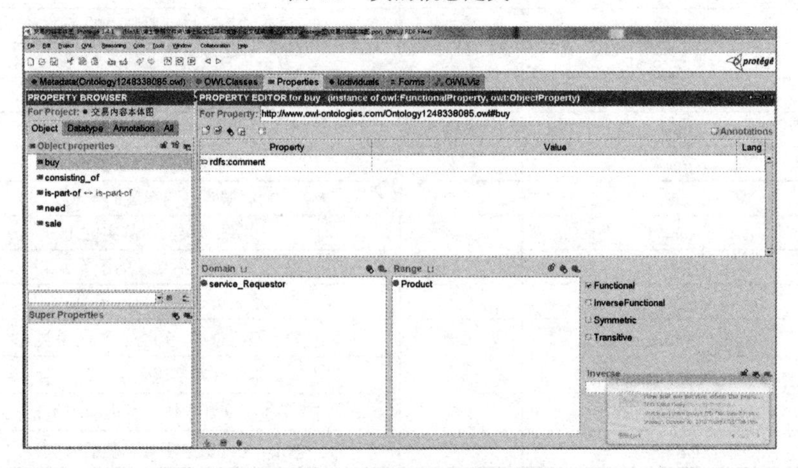

图 4-6　属性构建浏览窗口

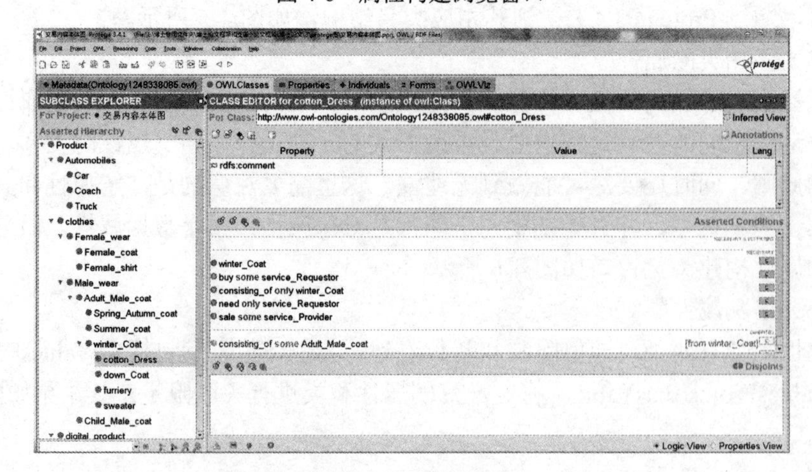

图 4-7　类的属性限制

（7）添加实例

在定义好类名和属性后，可以为本体结构添加相应实例，添加的羽绒服子类的实例，如图 4-8 所示。

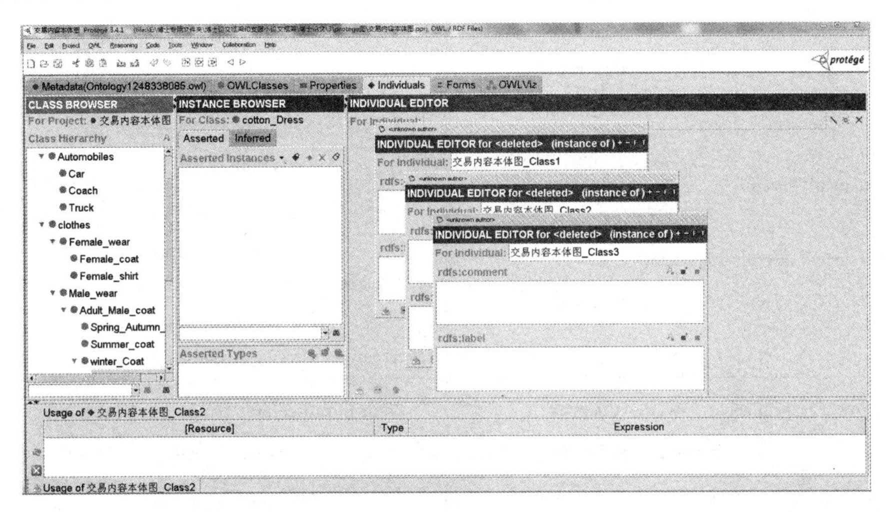

图 4-8　添加本体实例

（8）服务内容的本体编码

服务内容本体的编码采用 OWL-DL 语言，OWL-DL 是 OWL 语言中的一种，其基础是描述逻辑，描述逻辑是第一顺序逻辑的决定性部分，可以进行自动推理、自动的计算分类层次及检查本体的一致性。其部分 OWL-DL 编码如表 4-5 所示。

表 4-5　服务内容本体部分 OWL-DL 编码

服务内容本体部分 OWL-DL 编码	
<owl:Class rdf:ID="cotton_Dress"> <owl:equivalentClass> <owl:Class> <owl:intersectionOf rdf:parseType="Collection"> <owl:Restriction> <owl:onProperty rdf:resource="#consisting_of"/>	<owl:Class> <owl:Restriction> <owl:onProperty rdf:resource="#consisting_of"/> <owl:allValuesFrom rdf:resource="#winter_Coat"/> </owl:Restriction> <owl:Class

续表

服务内容本体部分 OWL-DL 编码	
<owl:allValuesFrom rdf:resource="#winter_Coat"/> </owl:Restriction> <owl:Restriction> <owl:onProperty rdf:resource="#need"/> <owl:allValuesFrom rdf:resource="#service_Requestor"/> </owl:Restriction>	rdf:about="#winter_Coat"/> </owl:intersectionOf> </owl:Class> </owl:equivalentClass> <rdfs:subClassOf> <owl:Restriction> <owl:onProperty rdf:resource="#buy"/> <owl:someValuesFrom rdf:resource="#service_Requestor"/>
<owl:Class rdf:about="#winter_Coat"/> </owl:intersectionOf> </owl:Class> </owl:equivalentClass> <rdfs:subClassOf> <owl:Restriction> <owl:onProperty `rdf:resource="#buy"/> <owl:someValuesFrom rdf:resource="#service_Requestor"/> </owl:Restriction> </rdfs:subClassOf> <rdfs:subClassOf> <owl:Restriction> <owl:onProperty rdf:resource="#sale"/> <owl:someValuesFrom rdf:resource="#service_Provider"/> </owl:Restriction> </rdfs:subClassOf> </owl:Class> <cotton_Dress rdf:ID="cotton_Dress_13"/>	</owl:Restriction> </rdfs:subClassOf> <rdfs:subClassOf> <owl:Restriction> <owl:onProperty rdf:resource="#need"/> <owl:someValuesFrom rdf:resource="#service_Requestor"/> </owl:Restriction> </rdfs:subClassOf> <rdfs:subClassOf> <owl:Restriction> <owl:onProperty rdf:resource="#sale"/> <owl:someValuesFrom rdf:resource="#service_Provider"/> </owl:Restriction> </rdfs:subClassOf> </owl:Class> <down_Coat rdf:ID="down_Coat_16"/> <owl:Class rdf:ID="Female_coat"> <rdfs:subClassOf

续表

服务内容本体部分 OWL-DL 编码	
<cotton_Dress rdf:ID="cotton_Dress_15"/> <owl:Class rdf:ID="digital_product"> <rdfs:subClassOf rdf:resource="#Product"/> </owl:Class> <owl:Class rdf:ID="down_Coat"> <owl:equivalentClass>	rdf:resource="#Female_wear"/> </owl:Class> <owl:Class rdf:ID="Female_shirt"> <rdfs:subClassOf rdf:resource="#Female_wear"/> </owl:Class> <owl:Class rdf:ID="Female_wear"> <rdfs:subClassOf rdf:resource="#clothes"/> </owl:Class>

（9）本体评价

评价以本体的清晰性、一致性、可扩展性、编码编号偏差最小和极小本体约束[11]为标准，具体包括：是否满足初始提出的需求；是否满足本体的建立准则；本体中术语的定义是否清晰；本体中的概念及其关系是否完整；本体系统能力问题是否得以“回答”及“回答”是否详尽等。

本章所构建本体的完整性、一致性检验如图 4-9 所示。

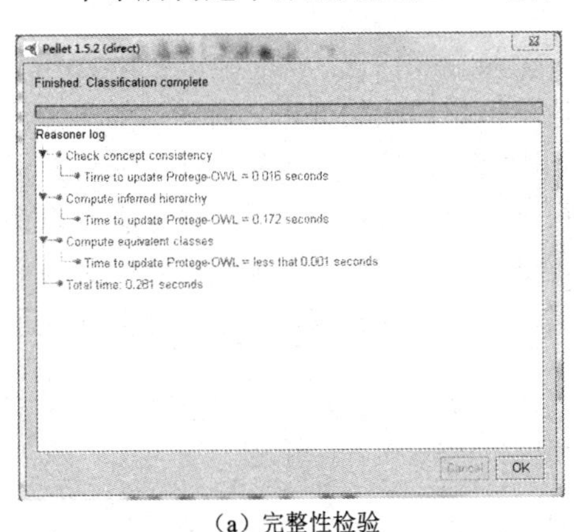

（a）完整性检验

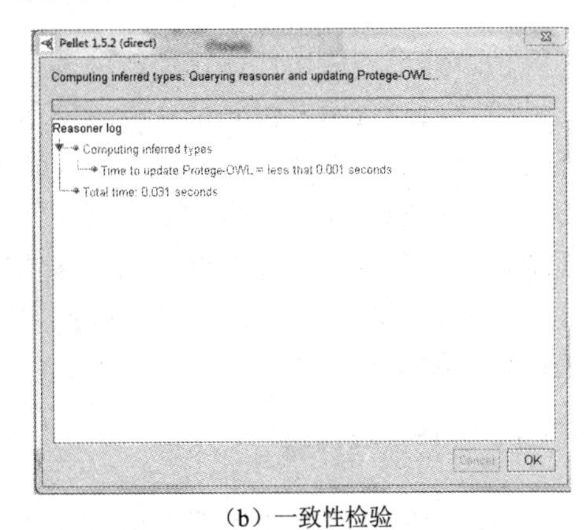

（b）一致性检验

图 4-9　构建本体的完整性、一致性检验

通过对建立的服务内容本体原型的评价，可以进行增添、修改完善，最后形成一个相对完整的、适合本书应用的服务交互内容本体，本章构建的服务内容本体类结构如图 4-10 所示。

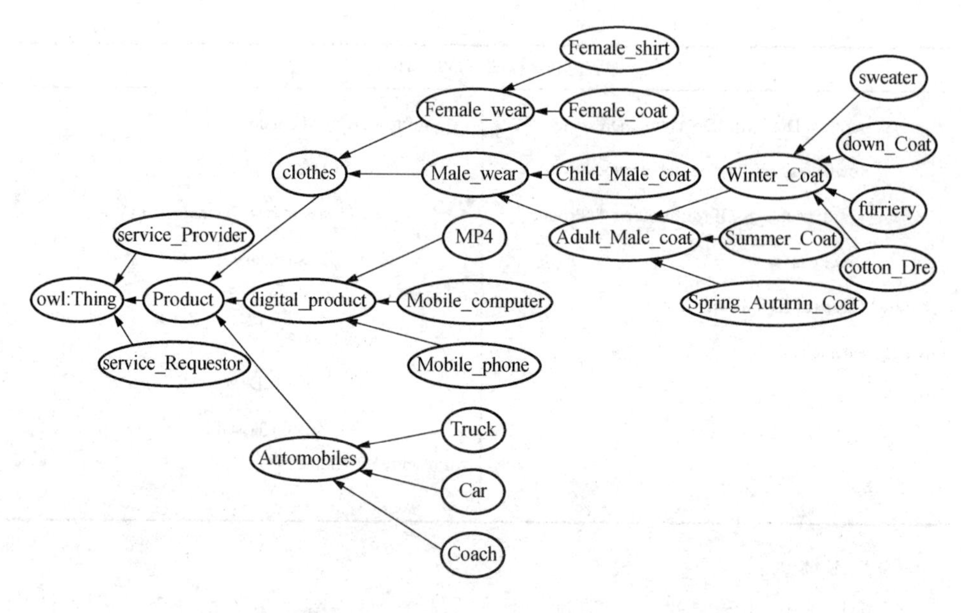

图 4-10　构建的服务内容本体类结构

4.4　基于服务内容本体相似度的信任计算方法

结点的总体信任计算包括两个部分：一个是直接信任，另一个是推荐信任，通过融合这两方面可得到结点的总体信任值。根据前面的分析，对结点的直接信任主要依赖于结点自身的交互经验和感受。因此，在信任的计算方法中将仍然保留直接信任的计算方法。对于推荐信任，根据之前的分析进行了改进创新，以保证结点的推荐信任计算的可信性；总体信任则通过对这两方面加权融合得到。信任具有随时间动态变化的特性，因此可以采用时衰作为其权重因子，充分体现了信任随时间衰减的特性。

4.4.1　直接信任计算

直接信任计算是服务请求结点根据和服务提供结点的历史交互得到的对于服务提供结点的信任度，因此，仍然采用式（3-1）作为直接信任计算公式，其中各符号所代表的意义同前，在此不再赘述。

4.4.2　推荐信任计算

根据之前的分析，推荐信任计算的准确程度不仅和结点间的熟悉程度有关，还和推荐结点与服务提供结点的历史交互（交易）内容和当前服务结点的交互（交易）内容相似度有关，因此，可以用$\overline{\mathrm{RT}}_{\mathrm{SP}}$表示对服务提供结点 SP 的推荐信任评价（recommendation trust evaluation），用$\mathrm{Sim}(C_i^{\mathrm{SP}}, C_{\mathrm{SR}}^{\mathrm{SP}})$表示推荐结点 i、服务请求结点 SR 分别与服务提供结点 SP 交互（交易）内容 C_i^{SP} 和 $C_{\mathrm{SR}}^{\mathrm{SP}}$ 的相似程度，ω_i^{SP} 和 ω_j^{SP} 分别表示熟人推荐结点 i 的推荐权重和陌生人推荐结点 j 的推荐权重，ω_i^{SP} 表示服务请求结点对熟人推荐结点的信任度，ω_j^{SP} 表示服务请求者对陌生人推荐结点的信任程度。其中，ω_i^{SP} 和 ω_j^{SP} 为

$$\begin{cases} \omega_i^{\mathrm{SP}} = \mathrm{DT}_i^{\mathrm{SP}} \\ \omega_j^{\mathrm{SP}} = 0.5 \end{cases} \tag{4-4}$$

即陌生人的权重初始设置为 0.5，表示其可信或不可信各占一半。

α 表示直接熟人推荐结点或间接熟人推荐结点对服务提供结点的信任程度，α 设置为

$$\begin{cases} \alpha = \mathrm{DT}_i^j, & \text{当节点是直接熟人节点推荐时} \\ \alpha = \dfrac{1}{n}\sum\limits_{N=1,}^{n}\left(\prod\limits_{i\neq j\neq k}\mathrm{DT}_i^j \times \mathrm{DT}_i^j = \mathrm{DT}_i^j \times \mathrm{DT}_j^k \times \mathrm{DT}_k^l \times \cdots\right)_N, & \text{当节点是间接熟人节点推荐时} \end{cases} \tag{4-5}$$

设置阈值ε，当$\alpha < \varepsilon$时，则舍弃该结点，阈值ε的大小可根据具体需要进行调节。

β 表示陌生人对服务提供结点的信任程度，令 $\beta = \dfrac{\sum_{i=1}^{n}\mathrm{DT}_i^j}{n}$，当 $\sum_{i=1}^{n}\mathrm{DT}_i^j = 0$ 时，该结点只可能是新加入结点或休眠结点（dormant node）。

考虑到在推荐的过程中，存在推荐路径相对独立和相互交叉两种现象，在相互交叉这种情况下，将在这些路径中选择一条推荐信任值最高的路径作为代表。例如，在图 4-11 的推荐信任路径中，可以选择 B→E$_1$→C→A 作为推荐信任路径（图中数字表示两个结点的信任度值）。

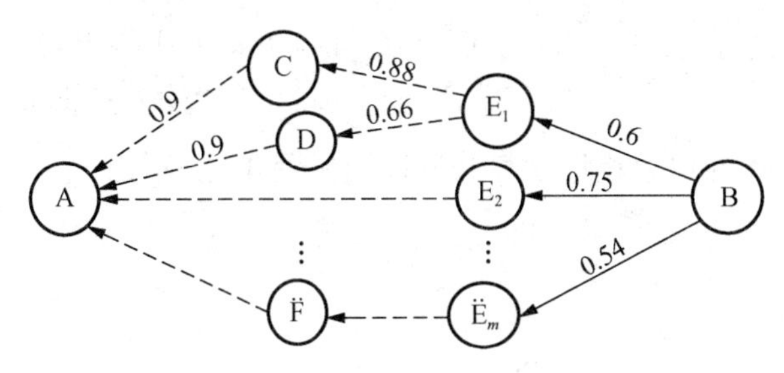

图 4-11　推荐信任路径选择

由于$\alpha \times \omega_i^k \times \mathrm{DT}_i^k$、$\beta \times \omega_j^k \times \mathrm{DT}_j^k$计算的是结点的信任度，是3个小于1的乘积数（product number），因而考虑对其取三次方根，这样既保证了各指标权重的作用，同时使信任值仍保持在一个正常有效的范围，以便系统对结点进行正常的信任判断，推荐信任计算公式为

$$\overline{\mathrm{RT}_{\mathrm{SP}}} = \frac{\sum\limits_{\substack{i,j=1 \\ i \neq j}}^{n} \mathrm{Sim}(C_i^{\mathrm{SP}}, C_{\mathrm{SR}}^{\mathrm{SP}})\left(\sqrt[3]{\alpha\omega_i^k \times \mathrm{DT}_i^k} + \sqrt[3]{\beta\omega_j^k \times \mathrm{DT}_j^k}\right)}{n} \tag{4-6}$$

其中，$\mathrm{Sim}(C_i^{\mathrm{SP}}, C_{\mathrm{SR}}^{\mathrm{SP}})$是推荐结点$i$的历史交互内容与服务提供结点SP当前交互内容的相似度，且$\mathrm{Sim}(C_i^{\mathrm{SP}}, C_{\mathrm{SR}}^{\mathrm{SP}}) \in [0,1]$。

4.4.3　服务内容本体概念相似度计算

本体实际上就是将某个应用领域抽象概括成一组概念及概念之间的关系，本质上就是领域的概念模型[12]。使用本体概念相似度计算的优点是能够定义服务交互内容或服务之间相似的程度，这样就能避免 PeerTrust[13]相似度粒度过粗的问题。

虽然目前计算方法众多，但领域本体构建的复杂性，而且不同应用中本体所采用的语言词汇并不能完全统一，即同一语义词汇在不同应用中仍然存在多个概念的情况，造成概念相似度相对适用范围仍然较窄，且考虑因素越多的方法势必都存在计算过于复杂这样一个共同的问题。为此，可以在考虑信任计算的效率问题后，根据文献[7,14]知道概念相似度与概念的距离相对较为直观，且计算量相对较小，符合本章对于信任计算效率的考量，故本章的概念相似度借鉴文献[7]相似度的计算方法，其计算公式为

$$\mathrm{Sim}(C_i^{\mathrm{SP}}, C_{\mathrm{SR}}^{\mathrm{SP}}) = \sum_{k=1}^{n} \delta_k (C_i^{\mathrm{SP}}, C_{\mathrm{SR}}^{\mathrm{SP}}) \theta_k \tag{4-7}$$

其中，n是概念C_i^{SP}与$C_{\mathrm{SR}}^{\mathrm{SP}}$在领域本体中所具有的最大深度；$\theta_k$是权重（可简单地取$\theta_k = 1/n$，也可根据实际情况进行调整）；$\delta_k(C_i^{\mathrm{SP}}, C_{\mathrm{SR}}^{\mathrm{SP}})$的取值定义为

$$\delta_k(C_i^k, C_{\mathrm{SP}}^k) = \begin{cases} 1, & \text{当}C_i^{\mathrm{SP}}\text{与}C_{\mathrm{SR}}^{\mathrm{SP}}\text{前}k\text{个父类代码相同时} \\ 0, & \text{当}C_i^{\mathrm{SP}}\text{与}C_{\mathrm{SR}}^{\mathrm{SP}}\text{前}k\text{个父类代码不同时} \end{cases} \tag{4-8}$$

服务内容本体的概念相似度算法流程图如图4-12所示。

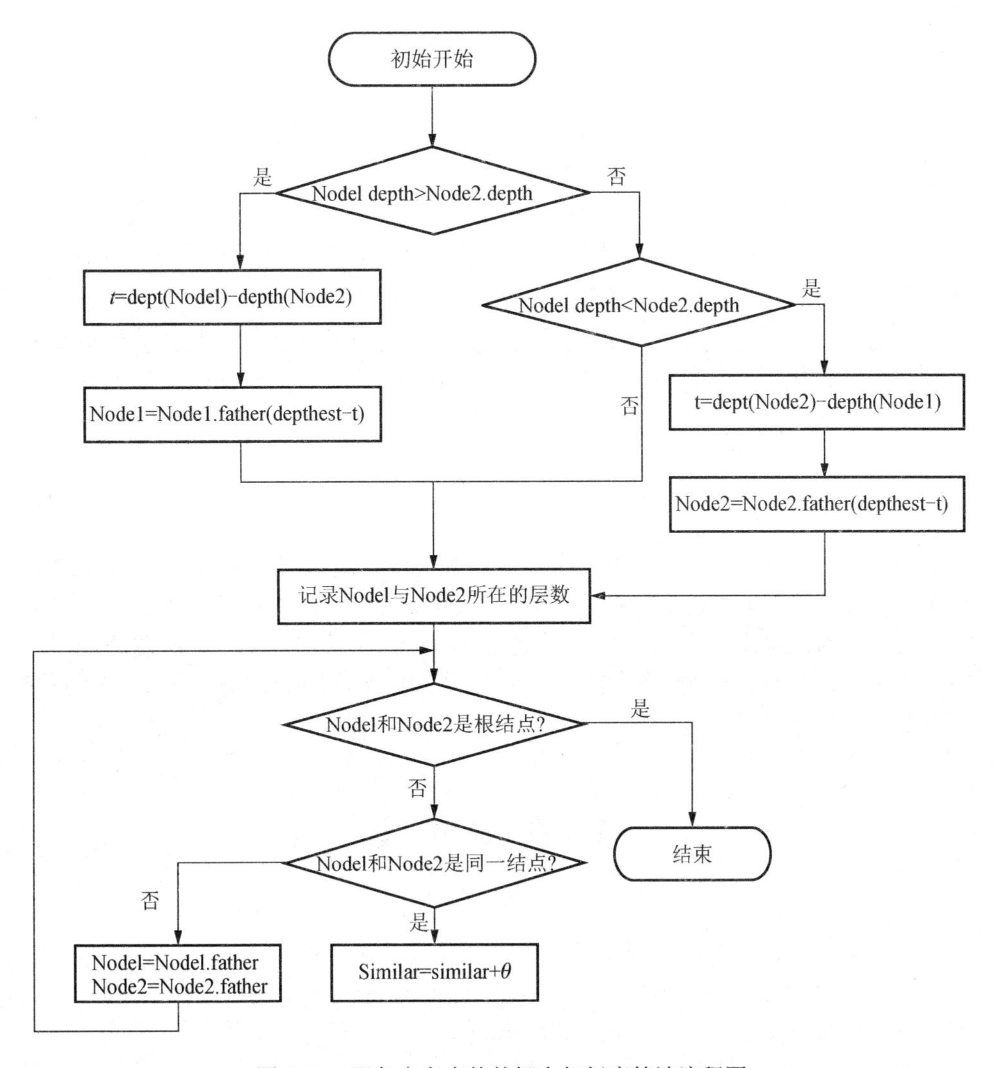

图 4-12　服务内容本体的概念相似度算法流程图

4.4.4　结点总体信任计算

总体信任度是对服务提供结点的直接信任和推荐信任加权综合计算后所得到的信任度。从社会心理学的角度来看，相对于推荐信任，用户更愿意相信通过自己亲身感受和体验的直接信任。而从认知角度来看，在初始交往时，用户缺乏亲历的交互感受，因而其直接信任值较低，甚至为零，这时推荐信任则相对具有较高的可信性。但随着交互的逐渐增多，直接交互所取得的信任将逐渐越来越重要，而推荐信任的重要性则相应逐渐减弱，结点的总体信任将根据交互进展发生动态变化，因此，选择时间衰减因子作为其融合权重因子计算总体信任。结点的总体

信任计算公式为

$$\mathrm{GT}=\begin{cases}\overline{\mathrm{RT}}, & s=0\\ \mathrm{DT}, & \tau=0\\ \rho\times\mathrm{DT}+(1-\rho)\times\overline{\mathrm{RT}}, & s\neq 0,\ \tau\neq 0\end{cases} \tag{4-9}$$

其中，s 表示推荐结点数；τ表示服务请求结点和服务提供结点的直接交互数；ρ 表示服务请求结点和服务提供结点直接交互信任权重，$1-\rho$ 表示推荐信任权重。从社会关系角度分析，在结点交互过程中，直接交互所获得的信任感要高于推荐获得的信任感，因此，随着网络交互次数增加，资源需求结点更愿意相信自身与目标结点的直接交互信任度，表现在式（4-10）中就是 ρ 是以交互次数为变量的动态变化函数，即

$$\rho(x)=1-\left(\frac{1}{2}\right)^{\frac{k}{n-k}},\quad n-k\neq 0\,,n\in\{1,2,3,\cdots\} \tag{4-10}$$

其中，k 表示服务请求结点与服务提供结点在一段时间内的第 k 次交互。k 越大，ρ 越大。当服务请求结点首次与服务提供结点交互时，由于自身交互次数有限，它更关注其他结点的推荐。随着交互次数的增加，服务请求结点更愿意依靠自己的交互经验来判断目标结点的信任值，相应的其他结点的推荐比重下降，ρ随着交互次数增多而增大。

4.5 算法描述

基于服务内容本体概念相似度的推荐信任算法描述如下。

输入：初始化 Node_numbers, service_ product_numbers;。

输出：获得 Transaction successful ratio;。

步骤 1：初始化结点交互路径图（road map）。

算法 4-1：DOCSRTrust 方法初始化交互路径图算法。

```
package graph.graphInterface;
public interface Graph {
   public int n();                          //点的个数
   public int e();                          //边的个数
   public Edge first(int v);                //得到该结点的第一条边
   public Edge next(Edge w);                //得到此边的下一条边
   public boolean isEdge(Edge w);           //判断该边是不是一条边
   public boolean isEdge(int i,int j);      //判断该边是不是一条边
   public int v1(Edge w);                   //得到边的起点
```

```
    public int v2(Edge w);                                //得到边的终点
    public void setEdge(int i,int j,float weight); //设置一条边
    public void setEdge(Edge w,float weight);      //设置一条边
    public void delEdge(int i,int j);              //删除一条边
    public void delEdge(Edge w);                   //删除一条边
    public float weight(int i,int j);              //得到边的权重
    public float weight(Edge w);                   //得到边的权重
    public void setMark(int v,int val);            //将边做上标记
    public int getMark(int v);                     //得到边的标记
}
```

步骤 2：网络形成时，初始结点都为未发生交互的孤立结点，需要初始化网络结点数和恶意结点数量，并为结点随机分配服务内容，如果是恶意结点，则分配的服务内容减半，并由机器随机生成一张交互路径图（有向图）。

步骤 3：计算服务内容概念相似度。

算法 4-2：DOCSRTrust 服务内容概念相似度算法。

```
public class GetSimilar{
  //得到两个物体的相似度
  public double getNodesSimilar(Document document,String
node1,String node2){
      try{
        double similar=0;
        Element element1=xu.getElement(document, node1);
        Element element2=xu.getElement(document, node2);
        double depth=xu.getDepthest(document.getRootElement());
        //遍历函数
        double cita=1/depth;
        int node1depth=element1.getUniquePath().split("/").
        length-2;
        int node2depth=element2.getUniquePath().split("/").
        length-2;
        int sameDepth=node1depth;
        System.out.println(node1depth+" "+node2depth);
        if(node1depth>node2depth){
          element1=xu.getElementParent(element1,node1depth-
          node2depth);
          sameDepth=node2depth;
          System.out.println(">"+element1.getUniquePath());
        }
```

```
        else if(node1depth<node2depth){
          element2=xu.getElementParent(element2,node1depth-
          node2depth);
          System.out.println(">"+element2.getUniquePath());
        }
        for(int i=0;i<sameDepth;i++){
          System.out.println(element1.getUniquePath());
          System.out.println(element2.getUniquePath());
          if(element1.equals(element2))
          similar=similar+cita;
          element1=element1.getParent();
          element2=element2.getParent();
        }
        return similar;
      }
      catch(Exception e){
        System.out.println("对不起,您输入的结点不存在!");
      }
      return 0;
    }
    public static void main(String[] args) throws DocumentException{
      //TODO Auto-generated method stub
      GetSimilar gs=new GetSimilar();
      String path="e://wgf//s.xml";
      Document doc=gs.xu.getDocument(path);
      System.out.println(gs.getNodesSimilar(doc,"a356","a372"));
    }
  }
```

步骤 4：迭代计算总体信任综合值。

算法 4-3：DOCSRTrust 总体综合信任计算算法。

```
CaculateGlobalTrust()
{
 设置信任阈值;
  for(i<循环周期次数)
  {
    if(信任值<信任阈值)
    放弃该交互路径;
  }
```

```
    for(i<交互路径总数)
    {
       if(无恶意结点)
       successNum=成功次数;
       totalNum=总次数;
    }
    for(j<交互路径总数)
    {
       if(结点 i≠结点 j)
          结点 i 和结点 j 进行交互;
          if(交互成功)
          {
             successNum=successNum+1; //成功次数+1
          }
          totalNum=totalNum+1;         //总次数+1
    }
    successNum/totalNum;               //获得交互成功率
}
```

4.6 实 验 分 析

本章通过实验模拟仿真了 DOCSRTrust 信任计算方法，并通过在小规模网络中运行验证了该模型算法的实验结果。实验中充分考虑算法的效率问题，因此对结点、服务内容数量都仅做了小量的设置，以保证算法能较快地完成，同时验证算法的正确性和有效性。仿真实验是部署在 Intel CPU 3.0 双核处理器、内存 2G、操作系统为 Windows XP、运行环境为 JDK 1.6、开发工具为 Eclipse，基于 Java 编程工具予以实现。

4.6.1 仿真实验的设计

在本章实验中，通过建立一个 1、3、3、3、3 的服务本体结构来防范结点恶意欺诈和结点恶意推荐。为此，设置 3 个主要的实验来进行验证，同时为保证系统能够较快地完成实验验证，将网络中的结点数设置为 100 个，服务内容数量为 81 个（按照本体的结构能够较好地分配服务），把这些商品随机分配给各结点，并保证每个结点至少有一种商品，每个结点拥有的商品最大数量不超过 15 个，阈值ε设为 0.3，每次仿真应由若干周期组成，在每个周期内保证每个结点交互一次，求信结点随机地发出一个交互请求，拥有该商品的结点收到请求后对它响应，经过相似信任度的计算，与阈值（threshold）比较进行筛选，并在筛选后的结点中选择信任度最高的获信结点进行交互，如果交互不成功，则将该结点从响应结点列表中删除。初始结点的信任值设置为0.5，表示其可信与不可信皆有可能。

4.6.2　结点类型定义

交互中的结点一般可以分为两大类：善意结点（good node）和恶意结点（malicious code）。恶意结点分为单纯的恶意结点（purely malicious node）和协作的恶意结点（cooperation malicious node），其主要目的如下。

1）单纯的恶意结点：提供虚假的商品服务，诋毁正常结点。

2）协作的恶意结点：对相识的恶意结点进行“吹捧”，扩大其影响，对交易过的正常结点进行“诋毁”，贬低其信用。

4.6.3　性能评价分析

1）针对不同规模的单纯恶意结点的实验结果分析，如图4-13所示。

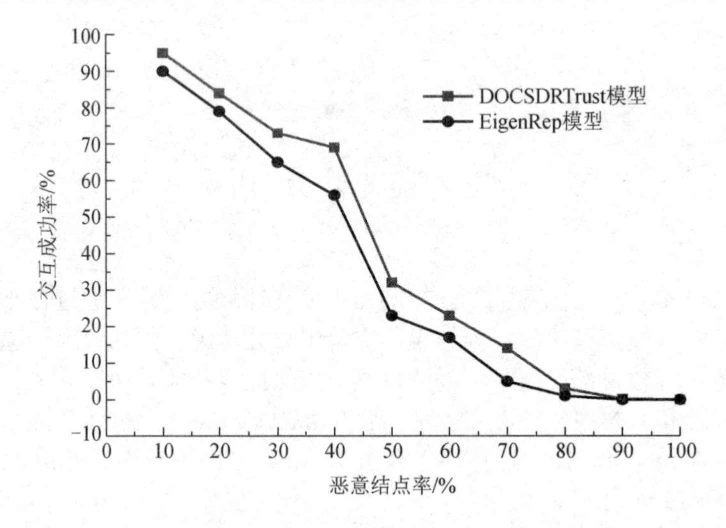

图4-13　交互成功率随恶意结点率变化规律

从图4-13所示的实验结果可以看出，在恶意结点率是10%时，DOCSDRTrust模型的交互成功率维持在95%左右，而EigenRep模型则略低一些，但也达到了90%的成功率。当恶意结点率上升到30%时，可以发现两个模型的交互成功率都相应有所下降，其中，DOCSDRTrust模型从95%下降到75%左右，下降了约20%，而EigenRep模型则从90%下降到65%左右，下降了约25%，DOCSDRTrust模型相比EigenRep模型对恶意结点的抑制能力提高了10%。当恶意结点率超过40%时，可以看到模型的交互成功率较快地下降。在恶意结点率达到50%时，此时系统的交互成功率下降非常迅速，超过 20%，而 DOCSDRTrust 模型相应略高些，达到 30%，说明此时系统对于恶意结点非常敏感，表现了较好的抑制效果，两个模型表现相似，说明针对单纯的恶意结点，两个模型都具有较好的表现。当恶意结点率超过 50%时，两个模型的交互成功率则相对较缓地下降。当恶意结点率超过 60%时，与 EigenRep 模型相比 DOCSDRTrust 模型仍能维持一个较高的交互成功率，不论是单纯恶意结点还是协作型恶意结点，DOCSDRTrust 模型对它们都表现出了良好的抑制效果。

总体来说，在恶意结点率不断提高的情况下，DOCSDRTrust 模型的交互成功率比 EigenRep 模型大概提高了 10%，说明该模型对恶意结点具有较好的抑制力。

2）针对策略型交互结点的敏感度实验。

本节实验是将本章所提出的 DOCSDRTrust 模型与 EigenRep[15]模型、普通模型比较，以测试 3 个模型针对策略性欺骗行为表现的差异性。EigenRep 模型是由 Kamvar 和 Schlosser 共同提出的一个全局信任模型，该模型针对将直接信任和推荐信任进行融合来抑制恶意结点的欺诈和作弊，具有较好的效果。普通模型是一般方法模型，是通过结点间发生的直接交互来判断信任关系的一种方法。本节实验设置恶意结点率为 40%。

从图 4-14 中可以看出，在 10 个交互周期时，普通模型仅有不到 30%的交互成功率，而 EigenRep 模型则有约 55%的成功率，而 DOCSDRTrust 模型则有将近 70%的成功率，说明在交互初始时，主要依靠结点间的直接信任来判断结点的恶意行为，本节模型具有较好的表现力，同时说明恶意结点对普通模型和 EigenRep 模型有较大的影响，在起始交互时，它们是不能满足系统的信任安全需要的。

随着交互周期的增多，交互成功率逐渐开始上升，到了 40 个交互周期时，EigenRep 模型的成功率为 69.4%，而 DOCSRTrust 模型的成功率为 90.05%，随着交互周期的不断增多，DOCSDRTrust 模型的交互成功率也表现出较好的效果。从整个实验周期来看，本节模型交互成功率是高于其他两个模型的。可以从实验看到，DOCSDRTrust 模型比 EigenRep 模型在 30 个交互周期内时，成功率基本上高 13%，与普通模型相比，DOCSDRTrust 模型的成功率则提高了 30%以上。在交互周期达到 35 个时，可以从图 4-14 中看出，DOCSDRTrust 模型比 EigenRep 模型的成功率高出 15%，当周期增加到 40 个后，DOCSDRTrust 模型比 EigenRep 模型的成功率高出 13%，相比普通模型，DOCSDRTrust 模型的成功率高出 34%。

总体上说来，在引入社会关系和本体概念相似度计算后，DOCSDRTrust 模型相比普通模型和 EigenRep 模型在具有较高恶意结点率情况下，对于抑制恶意结点行为具有较为明显的优势。

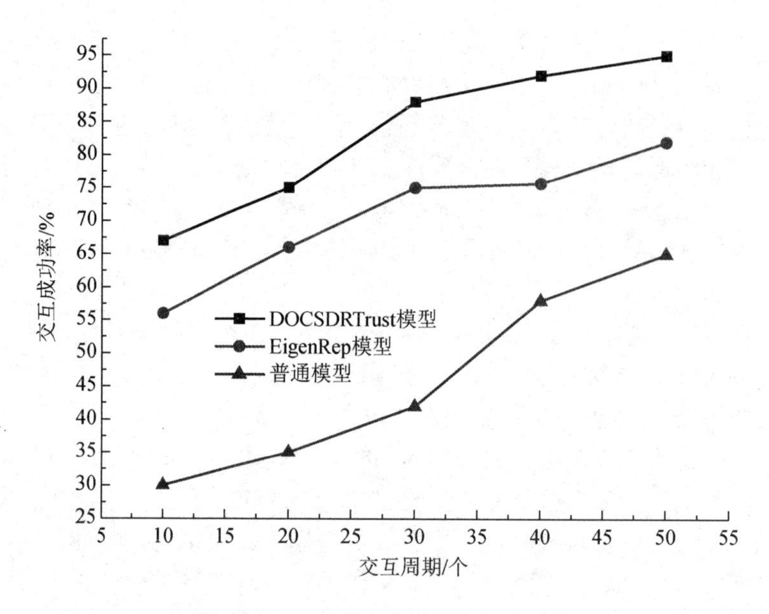

图 4-14　交互成功率随周期变化规律

3）针对结点的协同恶意推荐攻击实验。

从图 4-15 看出，当恶意推荐率小于 20%时，可以发现 DOCSDRTrust 模型和 Hassan 模型几乎不分上下，成功率基本相当；当恶意推荐率为 20%～40%时，可以发现虽然模型的交互成功率都在下降，但是两个模型下降趋势都不大，

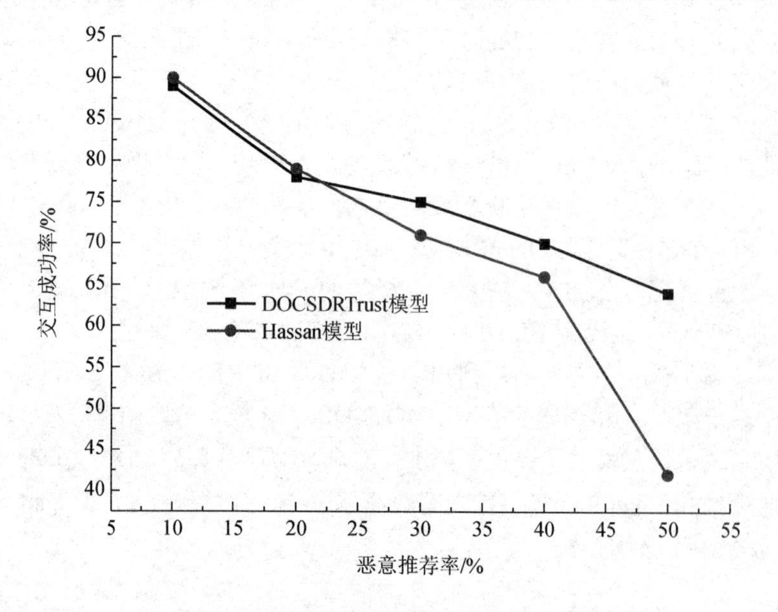

图 4-15　恶意推荐率对交互成功率的影响

说明两个模型对于恶意推荐具有一定的抵御能力，而且 DOCSDRTrust 模型基本上维持在 70%的交互成功率，而 Hassan 模型交互成功率仅有 65%左右，略低于 DOCSDRTrust 模型。但是，当恶意推荐率上升到 50%时，Hassan 模型的抵御能力则大幅下降，而 DOCSDRTrust 模型的交互成功率虽然也开始较快地下降，但相比 Hassan 模型则具有较大的优势。

小　结

本章根据以往信任模型中存在的恶意欺诈和协同推荐问题，提出了适合小规模服务的基于服务内容本体概念相似度的推荐信任方法。该方法充分考虑人类社会关系对交互的影响，通过区分熟人推荐结点和陌生人推荐结点其信任度不同，避免了主观假设信任值高的结点其推荐也更可信的问题，使模型更为符合现实情况。同时，考虑结点的不同偏好造成每次交互内容的偏差带来的信任计算的偏差，通过引入交互服务领域本体的概念，以其交互内容的本体概念相似度作为推荐信任的一个权因子，较好地解决了推荐的可信性问题。提出了基于服务内容用途的分层次交互服务领域本体构建法，构建出相应的交互商品领域本体；并计算出领域本体的概念相似度。

参 考 文 献

[1] NECHES R, FIKES R E,GRUBER T R, et al. Enabling technology for knowledge sharing[J]. AI magazine, 1991, 12(3): 36-56.

[2] GRUBER T R. A translation approach to portable ontology specifications[J]. Knowledge acquisition, 1993, 5(2): 199-220.

[3] GRUBER T R. Towards principles for the design of ontologies used for knowledge sharing[J]. International journal of human-computer studies, 1995,43(5-6): 907-928.

[4] BORST W N. Construction of engineering ontologies for knowledge sharing and reuse[D]. Enschede: University of Twente, 1997.

[5] STUDER R, BENJAMINS V R, FENSEL D. Knowledge engineering, principles and methods[J]. Data and knowledge engineering, 1998, 25(1-2): 161-197.

[6] 杜小勇，李曼，王珊．本体学习研究综述[J]．软件学报，2006，17（9）：1837-1847.

[7] 朱礼军，陶兰，刘慧．领域本体中的概念相似度计算[J]．华南理工大学学报（自然科学版），2004，32：147-149.

[8] MAEDCHE A. Ontology learning for the semantic web[M]. Boston: Kluwer Academic Publishers, 2002.

[9] PEREZ A G, BENJAMINS V R. Overview of knowledge sharing and reuse components: ontologies and problem solving methods[C]//STOCKHOLM V R, BENJAMINS B, CHANDRASEKARAN A. Proceedings of the IJCAI-99 workshop on ontologies and problem-solving methods (KRR5), 1999: 1-15.

[10] USCHOLD M. Building ontologies: towards a unified methodology[C]//The 16th Annual conference of the British Computer Society Specialist Group on Expert Systems, 1996.

[11] KAMVAR S D, SCHLOSSER M T, GARCIA-MOLINA H. The Eigentrust algorithm for reputation management in P2P networks[C]//Proceedings of the 12th International Conference on World Wide Web, Budapest: ACM Press, 2003.

[12] RESNICK P, ZECKHAUSER R. Trust among strangers in internet transactions: empirical analysis of eBay's reputation systems[J].The economics of the internet and e-commerce, 2002,11:127-157.

[13] XIONG L, LIU L. PeerTrust: supporting reputation-based trust for peer-to-peer electronic communities[J]. IEEE transactions on knowledge and data engineering, 2004,16(7):843-857.

[14] 刘群，李素建．基于《知网》的词汇语义相似度计算[J]．中文计算语言学，2002，7（2）：59-76.

[15] KAMVAR S D，SCHLOSSER M T. EigenRep: reputation management in P2P networks[C]//The 12th International World Wide Web Conference, 2003.

第5章　基于服务多属性相似度的推荐信任方法

【导言】第4章利用服务内容的本体概念相似度来保证推荐结点的推荐可信性，对于当前P2P网络服务中的恶意欺诈和协同推荐作弊有一定的抑制效果。然而，网络结点的服务包含较多的属性，仅依靠服务内容概念相似度来保证结点可信性存在粒度太粗的问题，同时结点仍然能够通过多种方式来达到恶意欺诈交互和协同作弊推荐的目的，如可以利用恶意降低服务价格的方式来获取服务机会，或利用策略型欺骗来提高其可信性；如通过在一段时间的良好表现来换取服务的成功率，然后再伺机进行恶意欺诈的行为。因此，仅通过服务内容概念的相似性这一项来决定推荐的可信性显得力不从心。对于复杂的概念结构，仅通过概念语义距离的方式来比较其相似度，计算的效率和准确度将大打折扣。因此，除了考虑服务内容概念相似，还应综合考虑服务的其他相关重要因素，如服务的价格、服务的质量、服务的时间、服务的成功率等。

基于这种考虑，本章提出了基于服务多属性相似性的推荐信任模型。通过分析影响结点信任的服务相关性因素，利用服务多属性的相似度计算来确定推荐信任的可信性，以期保证结点综合信任计算的准确性，有效防止恶意结点的协同作弊推荐。

5.1　问题分析

通过基于服务内容本体概念相似度的推荐信任计算来保证推荐的可信性能够起到一定的效果，通过第4章的实验证明了其有效性。然而，随着服务的增多、复杂性的提高，发现了一些问题，如在电子商务服务中，除了服务内容概念相似，用户还会更多地去考虑价格、服务质量等其他指标。主要包括两个方面的问题。

1）虽然利用服务内容概念相似度可以减少结点的恶意推荐问题，但是服务本质上是一个多属性的聚合体，结点往往可以利用其他属性来提高服务的可信性，因此，在复杂的网络环境下仅依靠单一的服务内容概念相似度来保证推荐的可信性显得不够全面，其效果会受到较大的影响。

2）当服务增多、服务内容概念结构变得复杂时，概念语义距离计算的复杂度将变得很高，因而计算的效率和准确性难以保证。

5.2 基于服务相似度的推荐信任方法

基于服务相似度的推荐信任模型，就是在第 4 章的基础上对推荐信任进行调整，使其更加符合实际应用。

网络中结点提供的服务由多个属性组成，因此服务的相似度计算即其多个属性的相似度计算。然而，服务属性维数过高会造成计算量过大，影响系统运行效率，所以可以通过分析服务属性的重要程度，挑选出代表服务的重要属性，忽略其他次要属性，以达到降维的目的。

5.2.1 服务属性分析与合理性评价

在大数据环境中的实际应用较多，因此服务指标也较多，如服务质量指标、服务内容指标、服务能力指标及服务成本指标等。对服务不同层面进行分析，发现服务成功率（service success）是推荐信任服务质量指标中最重要的一个指标；服务内容（service contents）是最突出反映推荐信任的服务内容指标；服务价格（service cost）是推荐的价格-成本指标之一；服务时间（service time）是推荐可信性的重要指标之一；服务响应时间（service response time）则明确体现了结点推荐的态度指标（这里假设不考虑网络延迟等影响）。除此之外，推荐信任服务还与服务评价、服务售后质量等指标有关。通过分析，本节提取了主要层面的相关指标并对它们的重要性进行了分析，如表 5-1 所示。

表 5-1　服务指标重要程度分析表

服务指标	所属层面	重要程度		释义
		重要	次要	
服务内容	服务内容指标	√		体现某具体服务（概念）
服务价格	价格-成本指标	√		体现价格成本
服务评价	服务信誉指标		√	人参与评价，主观性高
服务时间	服务能力指标	√		参与服务的总时间
服务成功率	服务质量指标	√		服务质量的重要指标
服务售后	服务质量指标		√	人为评价，事后性指标
服务响应时间	服务态度指标	√		体现结点服务积极性

从表 5-1 中指标的重要程度上，可以看出服务内容、服务价格、服务时间、服务成功率、服务响应时间都是重要性指标，它们分别反映了服务具体内容是否符合要求、服务的性价比是好还是差、服务能力的强弱及服务质量的高低和服务态度的积极性等因素，因此应重点加以考虑。而服务评价和服务售后两项指标作

为服务信誉指标和服务质量指标，属于次要性指标，因此本节放弃对这两个指标的考虑。但这与人们现实当中的应用情况恰好相反，从人的心理感受和现实应用来讲，人们正是利用服务评价来判断服务提供者的可信性，就像淘宝、亚马逊、当当网等现实网络应用系统正是依靠评价来对服务提供者进行判断和选择。这似乎说明我们对服务指标属性分析评价不够合理，而实际情况恰恰相反，正是当前网络应用中存在大量不良服务评价误导甚至欺骗消费者，造成了很多虚假欺诈交互、协同作弊推荐的问题。本节正是认真分析当前产生这些问题的原因后，针对人为评价存在的主观性和恶意性问题，提出利用推荐信任模型来抑制这种情况的发生，因而将服务评价作为次要性指标处理。这也符合本章的主旨，即推荐信任系统就是要发现并预防信任问题的发生。而服务评价则更适合事后对系统准确性的验证。

5.2.2　服务指标的形式化表示和相似度计算

1. 服务指标的形式化表示

选取影响服务可信性的 5 个主要属性来代表服务，这 5 个指标分别是服务成功率、服务内容、服务时间、服务价格和服务响应时间。这样就可以将服务抽象为具有 5 个主要指标的集合，并用 $\boldsymbol{a}$ 表示服务提供结点 SP 向服务请求结点 SR_i 提供的服务向量；用 $\boldsymbol{b}$ 表示服务提供结点 SP 向服务推荐结点 R_j 提供的服务向量，其形式化表示为 $\boldsymbol{a}=\left(x_1^{\mathrm{SR}_i},x_2^{\mathrm{SR}_i},x_3^{\mathrm{SR}_i},x_4^{\mathrm{SR}_i},x_5^{\mathrm{SR}_i}\right)$，$\boldsymbol{b}=\left(x_1^{R_j},x_2^{R_j},x_3^{R_j},x_4^{R_j},x_5^{R_j}\right)$，$0\leqslant i$，$j\leqslant m$。其中，$\left(x_1^{\mathrm{SR}_i},x_2^{\mathrm{SR}_i},x_3^{\mathrm{SR}_i},x_4^{\mathrm{SR}_i},x_5^{\mathrm{SR}_i}\right)$、$\left(x_1^{R_j},x_2^{R_j},x_3^{R_j},x_4^{R_j},x_5^{R_j}\right)$中各项分别表示服务成功率、服务内容、服务时间、服务价格、服务响应时间。

2. 服务的相似度计算

通过上面的形式化表示，服务相似度计算公式可以用服务向量 $\boldsymbol{a}_i$ 和 $\boldsymbol{b}_j$ 的余弦相似度来表示。

$$\mathrm{Sim}(S_{\mathrm{SP}}^{\mathrm{SR}_i},S_{\mathrm{SP}}^{R_j})=\frac{\boldsymbol{a}_i\bullet\boldsymbol{b}_j}{|\boldsymbol{a}_i|\bullet|\boldsymbol{b}_j|}=\frac{\sum\limits_{\tau=1}^{5}\varpi_\tau x_\tau^i\bullet\varpi_\tau x_\tau^j}{\sqrt{\left(\sum\limits_{\tau=1}^{5}\varpi_\tau x_\tau^i\right)^2\bullet\left(\sum\limits_{\tau=1}^{5}\varpi_\tau x_\tau^j\right)^2}},\quad 0\leqslant i,j\leqslant m \tag{5-1}$$

其中，$S_{\mathrm{SP}}^{\mathrm{SR}_i}$ 表示服务请求结点 SR_i 与服务提供结点 SP 的交互服务；$S_{\mathrm{SP}}^{R_j}$ 表示服务推荐结点 R_j 与服务提供结点 SP 的交互服务；$\boldsymbol{a}$ 表示服务提供结点 SP 提供给服务请求结点 SR 的第 i 次服务向量；$\boldsymbol{b}$ 表示服务提供结点 SP 提供给推荐结点 R 的第 j 次服务向量；ϖ_τ 表示服务向量中第 τ 个指标的权重。

本节采用基于熵权的方法来确定服务向量指标权重 ϖ_τ，其确定方式如下。

设评价指标样本数据矩阵 $\boldsymbol{X}=(x_\tau^j)_{m\times n}$ ，令 $\boldsymbol{Z}_\tau^j=(\boldsymbol{Z}_\tau^j)_{m\times n}$ ，做归一化处理后得 $\boldsymbol{Z}_\tau^j=\dfrac{x_\tau^j}{\sum\limits_{j=1}^{m}x_\tau^j}$ 。其中，j 表示结点数量；τ 表示评价指标，$\tau\leqslant n,\ n=5$ 。

由信息熵的概念得到各指标的熵值为

$$e_\tau=-k\sum_{j=1}^{m}\boldsymbol{Z}_\tau^j\ln\boldsymbol{Z}_\tau^j\ ,\quad \tau=1,2,\cdots,n \tag{5-2}$$

其中，$k=(\ln m)^{-1},\ 0\leqslant e_\tau\leqslant 1$ 。

则各指标的权重为

$$\varpi_\tau=\frac{(1-e_\tau)}{\sum\limits_{\tau=1}^{5}(1-e_\tau)}\ ,\quad \tau=1,2,\cdots,n \tag{5-3}$$

其中，$0\leqslant\varpi_\tau\leqslant 1$，且 $\sum\limits_{\tau=1}^{5}\varpi_\tau=1$ 。

5.2.3 基于信息论与启发式规则的服务内容概念相似度计算

第 4 章中曾经讨论过服务内容概念相似度的计算问题，但是当概念本体结构复杂时，就会出现计算量过大、效率低，准确性无法保证的问题。

基于这种情况，本章提出了基于信息论和启发式规则的服务内容概念相似度计算方法。与传统基于语义距离方法多采用加权系数定义语义距离不同的是，本方法利用概率统计的信息论来定义语义距离及其相应边的权重，避免了人工加权方法的主观性。同时，利用启发式规则来增强概念间细致区分的能力，以解决两个概念包含相同信息量时无法有效区分的问题。

（1）服务内容相似度计算

根据两个概念的共享信息越多，其相似度越大的原理，可以在本体概念层次结构中利用结点间所含信息量大小来反映其相似的程度。同时，在传统的基于语义距离的相似度计算中，一般把概念间的边认为是同等重要的，而实际上两个概念所含的信息量不同，其路径之间的各个边的权重也是不一样的，所以综合考虑这两点后提出本节的概念相似度计算方法。

在本体结构中，概念 c_i 所包含的信息满足

$$I(c_i)=I(c_i^{\text{superclass}})+I(c_i^{\text{self}}\mid c_i^{\text{superclass}}) \tag{5-4}$$

其中，$I(c_i^{\text{superclass}})$ 表示 c_i 的父类 $c_i^{\text{superclass}}$ 包含的信息；$I(c_i^{\text{self}}\mid c_i^{\text{superclass}})$ 表示 c_i 自己特有信息，即 $I(c_i^{\text{self}}\mid c_i^{\text{superclass}})=I(c_i)-I(c_i^{\text{superclass}})$ 。

而根据信息理论又可以知道，如果一个概念出现的频率越大，它所包含的信

息量就越少；反之一个概念出现的频率越小，则它所包含的信息量就越多。

由信息理论可知，$I(c_i) = -\log P(c_i)$，其中，$P(c_i)$表示概念c_i在本体结构中出现的概率，因此有

$$P(c_i) = \frac{\sum n(c_i^{\text{subclass}}) + 1}{n(o)} \tag{5-5}$$

其中，$\sum n(c_i^{\text{subclass}})$表示概念$c_i$在其本体$o$中的所有子概念数量；$n(o)$表示本体结构中所有概念总数。分子加 1 表示当概念c_i在本体中无子概念时，此时$\sum n(c_i^{\text{subclass}})=0$，即$P(c_i)=\frac{1}{n(o)}$。

当出现结点继承了一个以上父类的情况时，$P(c_i \mid c_i^{\text{superclass}\,k})$则可以根据式（5-6）得出，即

$$P(c_i \mid c_i^{\text{superclass}\,k}) = \frac{P(c_i c_i^{\text{superclass}\,k})}{P(c_i^{\text{superclass}\,k})} \tag{5-6}$$

而

$$P(c_i c_i^{\text{superclass}\,k})=\frac{\sum n\left[(c_i c_i^{\text{superclass}})^{\text{subclass}}\right]+1}{n(o)} \tag{5-7}$$

其中，$\sum n\left[(c_i c_i^{\text{superclass}})^{\text{subclass}}\right]$表示$c_i c_i^{\text{superclass}}$所共有的子概念数量，从其概念结构图上可以发现其即为$\sum n(c_i^{\text{subclass}})$的子概念数量。式（5-7）即为

$$P(c_i c_i^{\text{superclass}\,k}) = P(c_i) = \frac{\sum n(c_i^{\text{subclass}}) + 1}{n(o)}$$

因此，两概念的语义距离即可用它们的信息量来确定，其计算公式为

$$\begin{aligned}\operatorname{dis}(c_i, c_j) = &\sum_{\text{this}=i}^{\text{droot}} f(c_{\text{this}}, c_{\text{this}}^{\text{superclass}}) \cdot \left[I(c_{\text{this}}) - I(c_{\text{this}}^{\text{superclass}})\right] \\ &+ \sum_{\text{this}=j}^{\text{droot}} f(c_{\text{this}}, c_{\text{this}}^{\text{superclass}}) \cdot \left[I(c_{\text{this}}) - I(c_{\text{this}}^{\text{superclass}})\right], \quad c_i \neq c_j\end{aligned} \tag{5-8}$$

其中，$f(c_{\text{this}}, c_{\text{this}}^{\text{superclass}})$表示边$c_{\text{this}} \to c_{\text{this}}^{\text{superclass}}$的权重函数，即$c_{\text{this}}$到其父类结点$c_{\text{this}}^{\text{superclass}}$的距离；$c_{\text{this}}$表示当前路径上的某结点；$c_{\text{this}}^{\text{superclass}}$则表示该结点的父结点。其计算公式为

$$f(c_{\text{this}}, c_{\text{this}}^{\text{superclass}}) = \frac{I(c_{\text{this}}) - I(c_{\text{this}}^{\text{superclass}})}{I(c_\kappa) - I(c_{i,j}^{\text{droot}})} \tag{5-9}$$

其中，$c_{i,j}^{\text{droot}}$表示两概念c_i与c_j最短路径上的共同父结点，随着概念不同，两概念间最短路径上的共同父结点则动态变化；$I(c_\kappa)$表示欲求相似度的两概念中与概念结点c_{this}所在同一侧的概念结点。其示例如图 5-1 所示。

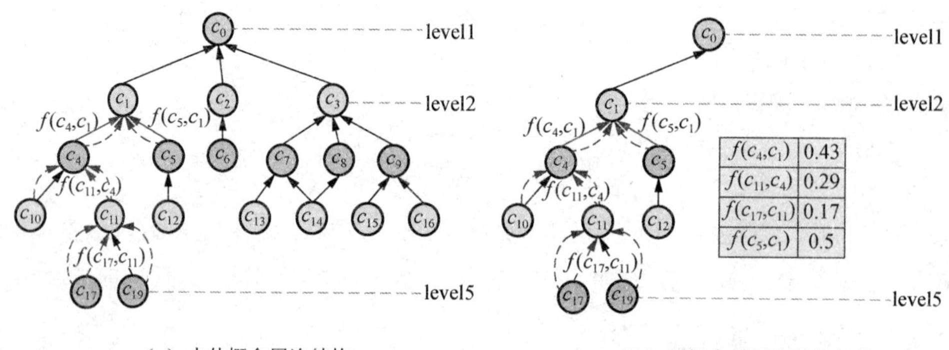

（a）本体概念层次结构　　（b）两概念最短路径边权重

图 5-1　本体概念层次结构和两概念最短路径边权重

在图 5-1 中，概念 c_{17} 和 c_5 之间的最短路径所经历的结点是 $c_{17} \to c_{11} \to c_4 \to c_1 \to c_5$，其中，$c_1$ 是概念 c_{17} 和 c_5 的共同父结点，则有 $f(c_{11},c_4)=\dfrac{I(c_4)-I(c_{11})}{I(c_1)-I(c_{17})}$，则两概念相似度计算公式为

$$\mathrm{Sim}(c_i,c_j)=\frac{1}{1+\mathrm{dis}(c_i,c_j)} \tag{5-10}$$

在计算相似度时，当所包含的信息量相同而无法区分概念时，可以通过建立启发式规则来修正概念相似度。根据概念的有向无环图可以发现，可能会有相同父类概念、相同兄弟类概念和相同子类概念 3 种情况下出现，因此通过建立两条启发式规则来解决。因为相同兄弟类的概念可以归结为相同父类概念规则中，规则如表 5-2 所示。

表 5-2　启发式规则

启发式规则	条件	调整系数 $\zeta_{i,j}$
R_1	HasSameSuperclass( )	$\zeta_{i,j}^{R_1}$
R_2	HasSameSubclass( )	$\zeta_{i,j}^{R_2}$
R_3	HasSamesibling( )	$\zeta_{i,j}^{R_3}$

根据可能出现的问题，一共设计了 3 条规则，每条规则的含义如下。

1）规则 1（R_1）：当两个概念有相同的父类概念时，可以发现概念随着本体结构层次的增加，其相似度增大，因而在规则 R_1 下，两概念 c_i 与 c_j 之间增加其相似度调整系数 $\zeta_{i,j}$，其计算公式为

$$\zeta_{i,j}^{R_1}=\frac{\mathrm{level}(c_{i,j}^{\mathrm{superclass}})}{\mathrm{level}(c_i,c_j)} \tag{5-11}$$

$\mathrm{level}(c_{i,j}^{\mathrm{superclass}})$ 是指概念 c_i 与 c_j 的共同父结点在本体结构中的层次；$\mathrm{level}(c_i,c_j)$ 是指概念 c_i，c_j 在本体结构中的层次。图 5-2 为根据规则 R_1 所计算的两个概念间的调整系数。

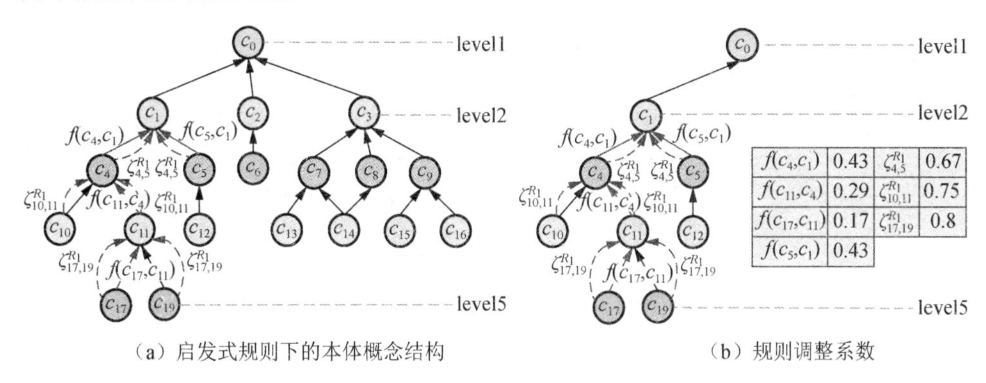

（a）启发式规则下的本体概念结构　　（b）规则调整系数

图 5-2　启发式规则下的本体概念结构和规则调整系数

2）规则 2（R_2）：当两个概念有相同的子类概念时，可以发现这两个概念相比其他相似结点具有更高的相似性，这时可以用该子类的信息量和两个父类信息量的关系来表示它们之间的相似度，其调整系数 $\zeta_{i,j}^{R_2}$ 的计算公式为

$$\zeta_{i,j}^{R_2}=\frac{I(c_{\mathrm{same}})-I(c_{\mathrm{same}}^{\mathrm{self}})}{I(c_i)+I(c_j)}=\frac{I(c_{\mathrm{same}})-I(c_{\mathrm{same}}^{\mathrm{self}})}{2I(c_i)} \tag{5-12}$$

3）规则 3（R_3）：当两个概念有相同的兄弟类概念时，这个时候可以看出这两个结点应该有共享的父结点，因此，其相似度可以按照共享父类的兄弟个数来衡量，其调整系数 $\zeta_{i,j}^{R_3}$ 的计算公式为

$$\zeta_{i,j}^{R_3}=\frac{I(c_{i,j}^{\mathrm{superclass}})}{n},\quad n=1,2,\cdots \tag{5-13}$$

其中，n 是指共享同一父类下的兄弟个数。

概念 c_i 与 c_j 的相似度计算公式则调整为

$$\mathrm{Sim}'(c_i,c_j)=\zeta_{i,j}\mathrm{Sim}(c_i,c_j) \tag{5-14}$$

（2）算法描述

根据本体结构的情况，若要计算两个概念间的相似度，首先需要寻找到这两个概念间的最短路径，虽然本体概念结构图是有向无环图，但两结点间的路径并不同于以往常见的树状结构图，所以传统的路径搜索方法在这里并不适用。因此，根据情况给出了计算相似度的相应路径搜索算法。

算法 5-1：两概念间最短路径计算算法。

从根结点沿着边的方向分别搜索到两概念结点的所有路径，将两概念 c1 和 c2 所对

```
应的路径集合记为 S1、S2;
初始化路径集合变量 S3,并设其初值为空,用来存放搜索到的所有最短路径;
While(S1 中路径数>0 and S2 中路径数>0)
{
  初始化变量:min_Dist=2×本体图最大深度(即本体图中路径距离的最大值);
  设 P1、P2 为 2 条路径,初值为空;
  For i=1 to S1 中路径条数
  {
      {For  j=1 to S2 中路径条数
      {S1 中第 i 条路径与 S2 中第 j 条路径比较:
          记录路径 i 和 j 拥有的结点数 m1、m2 以及相同结点数 n;
          If(min_Dist>m1+m2-2×n)
          {
              min_Dist =m1+m2-2×n;
              P1=S1 中第 i 条路径 and P2=S2 中第 j 条路径;
          }
      }
      }
  }
  得到使 min_Dist 最小的 2 条路径 P1、P2,去掉 P1、P2 中相互重复的边,由剩余
  的边组成的路径即为两概念间的最短路径,保存到 S3 中,min_Dist 为其距离;
  标记最短路径所经过的边,去掉集合 S1、S2 中包含被标记边的路径,并对 S1、S2
  中路径条数做相应修改;
}
```

在计算出最短路径后，就可以计算两个概念之间的相似度了。因此，给出概念相似度算法。

算法 5-2：两概念间相似度计算算法。

```
找出两概念间的最短路径;
在最短路径上每个结点的子概念;
While(S1 中路径数>0 and S2 中路径数>0)
{
  初始化变量: min_Dist=2×本体图最大深度(即本体图中路径距离的最大值);
  设 P1、P2 为 2 条路径,初值为空;
  For i=1 to S1 中路径条数
  {
    {For  j=1 to S2 中路径条数
    {S1 中第 i 条路径与 S2 中第 j 条路径比较:
        记录路径 i 和 j 拥有的结点数 m1、m2 以及相同结点数 n;
```

```
      If (min_Dist>m1+m2-2×n)
      {
          min_Dist =m1+m2-2×n;
          P1=S1 中第 i 条路径 and P2=S2 中第 j 条路径;
      }
     }
     }
   }
   得到使 min_Dist 最小的 2 条路径 P1、P2,去掉 P1、P2 中相互重复的边,由剩余
   的边组成的路径即为两概念间的最短路径,保存到 S3 中,min_Dist 为其距离;
   标记最短路径所经过的边,去掉集合 S1、S2 中包含被标记边的路径,并对 S1、S2
   中路径条数做相应修改;
}
```

5.2.4　结点的信任计算

1. 直接信任计算

第 3 章中对结点的直接信任计算采用了式(3-1),即 $\mathrm{DT}_{\mathrm{SP}}^{\mathrm{SR}}=\dfrac{S_{\mathrm{SP}}^{\mathrm{SR}}}{G_{\mathrm{SR}}^{\mathrm{SP}}}=\dfrac{S_{\mathrm{SP}}^{\mathrm{SR}}}{S_{\mathrm{SP}}^{\mathrm{SR}}+F_{\mathrm{SR}}^{\mathrm{SP}}}$,但发现当结点是新加入的结点时，服务提供结点无历史交互情况，因此 $\mathrm{DT}_{\mathrm{SP}}^{\mathrm{SR}}=0$，即此时该结点的直接信任为零。但从人的交互行为中可知相对于一个陌生的人来讲，在理性的情况下，对于该交互者的信任应该是 0.5，即相信或不相信应是各占一半。因此，对式（3-1）进行调整，其变为

$$\mathrm{DT}_{\mathrm{SP}}^{\mathrm{SR}}=\frac{S_{\mathrm{SP}}^{\mathrm{SR}}}{G_{\mathrm{SR}}^{\mathrm{SP}}}=\frac{S_{\mathrm{SP}}^{\mathrm{SR}}+1}{S_{\mathrm{SP}}^{\mathrm{SR}}+F_{\mathrm{SR}}^{\mathrm{SP}}+2} \tag{5-15}$$

其中，当 $S_{\mathrm{SP}}^{\mathrm{SR}}=F_{\mathrm{SR}}^{\mathrm{SP}}=0$ 时，$\mathrm{DT}_{\mathrm{SP}}^{\mathrm{SR}}=0.5$。

2. 推荐信任计算

（1）推荐可信度评价

推荐可信度是指当结点作为推荐结点时，其推荐被网络中其他结点信任的程度。Wang 和 Gui 提出了推荐可信性在众多的影响因素中与两个因素有较为密切的关系：一是从服务本身来讲，推荐可信性很大程度上取决于网络中服务请求结点和服务提供结点的交互服务内容与推荐结点和服务提供结点以往历史交互服务内容的相似度；二是从人的认知行为来看，对于服务提供结点的综合信任值计算还与推荐结点和服务请求结点的熟悉程度有关[1]。除以上两个因素外，推荐的可信性还与推荐者交互的时间域，以及推荐结点与服务提供结点的交互次数（频数）

有关，当推荐者交互的时间与当前待交互的时间较为接近时，其推荐的可信性较高；当交互时间以当前时间点为界向前回溯时，其推荐的可信性则逐渐下降。推荐可信性的时间影响因子如图 5-3 所示。图中，T_{SP}^{E} 表示评估结点和服务交互结点的交互时间，T_{SP}^{SR} 表示推荐结点和服务交互结点最接近 T_{SP}^{E} 的一次交互时间。

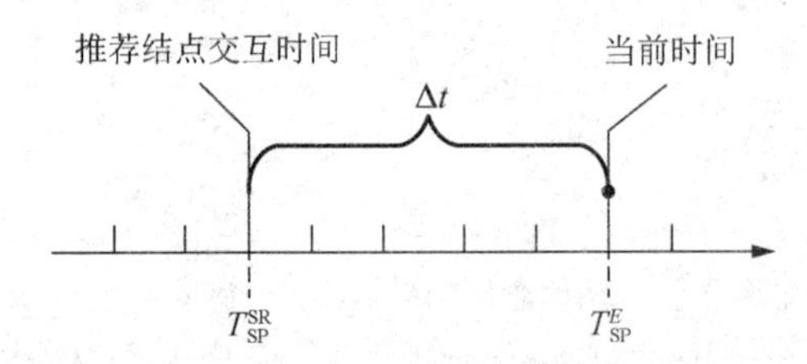

图 5-3　推荐可信性的时间影响因子

从图中可以看出，在一个时间段 Δt 内，T_{SP}^{SR} 与 T_{SP}^{E} 越接近其推荐越可信。

图 5-4 中，Δt 表示时间区间$[t_0,t_i]$，$\Delta t'$ 表示 T_{SP}^{SR} 和 T_{SP}^{E} 之间的时间段，k 表示推荐结点的交互次数。可以看出，当推荐结点在一个时间区间$[t_0,t_i]$时，其交互次数 k 和 $\Delta t'$ 成反比，即交互次数 k 越多，$\Delta t'$ 越小，也就是 T_{SP}^{SR} 和 T_{SP}^{E} 越接近。因此，推荐的可信性和推荐结点在某段时间的交互次数有关，即在某段时间区域内，交互多则距离 T_{SP}^{E} 近。这样就说明推荐结点的可信性是和其在某段时间区域内与服务提供结点的交互次数相关。虽然以往信任模型文献中有很多研究者提出了时间敏感函数的概念，并且给出了相应的数学表示，如甘早斌等根据每次交互的时间窗给出了一个时间敏感函数[2]，但是时间对信任的敏感性并非是简单的线性关系或是其他的指数关系，其合理性说明带有较强的主观性。为此，本节给出定理来确定推荐时间影响函数。

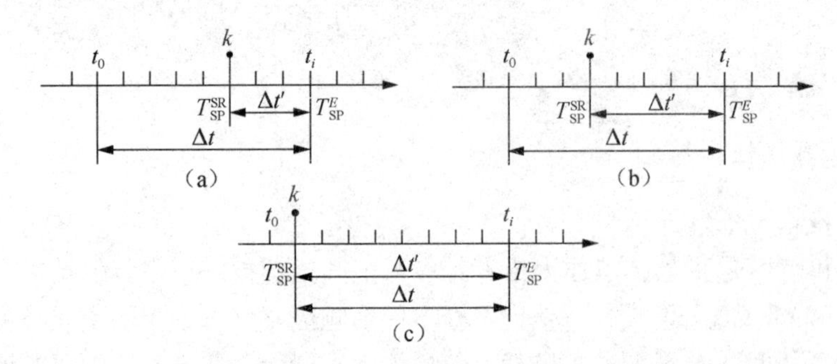

图 5-4　推荐结点交互次数与交互时间的关系

给出定理之前，做如下说明，以 $N(t)$，$t \geqslant 0$ 表示在时间区域 $[0,t)$ 内推荐结点和服务提供结点的交互次数。$\{N(t),t \geqslant 0\}$ 是一状态取非负整数、时间连续的随机过程，称为计数过程。

图 5-5 所示为 $N(t)$ 的一个样本函数示意图，令 $N(t)-N(t_0)\triangleq N(t_0,t)$，$0\leqslant t_0<t$，则它表示时间段 $[0,t)$ 内任意推荐结点的交互次数。在 $[t_0,t)$ 内有 k 次交互，即 $\{N(t_0,t_i)=k\}$ 是一事件。

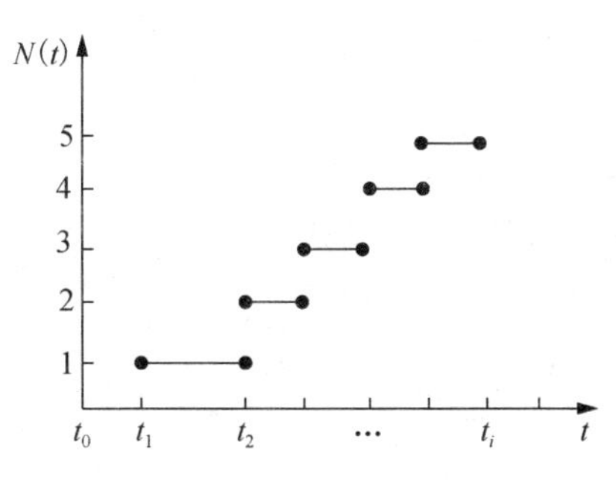

图 5-5　推荐次数样本函数示意图

定理：若任意推荐结点 SR_i 在时间段 $[t_0,t_i)$ 内进行了 k 次交互，且 $\{N(t_0,t_i)=k\}$ 是一事件，其概率记为 $P_k(t_0,t_i)=P\{N(t_0,t_i)=k\}$，$k=1,2,\cdots$。则推荐结点在 $[t_0,t_i)$ 时间段内的推荐时间影响函数 $f(t_0,t_i)$ 满足强度为 λ 的泊松分布，即

$$f(t_0,t_i)=P_k(t_0,t_i)=\frac{[\lambda(t_i-t_0)]^k}{k!}\mathrm{e}^{-\lambda(t_i-t_0)},\quad t_i>t_0,k=0,1,2,\cdots \tag{5-16}$$

其中，$N(t)$ 满足如下条件。

1）$N(0)=0$。

2）在不相重叠的时间区间段上的增量具有独立性。

3）对于充分小的 Δt，$P_1(t,t+\Delta t)=P\{N(t,t+\Delta t)=1\}=\lambda\Delta t+O(\Delta t)$，其中常数 $\lambda>0$ 称为交互次数 $N(t)$ 的强度，而当 $\Delta t\to 0$ 时 $O(\Delta t)$ 是关于 Δt 的高阶无穷小。λ 表示单位长度时间间隔内出现的交互次数的期望值。

4）对于充分小的 Δt，$\sum\limits_{j=2}^{\infty}P_j(t,t+\Delta t)=\sum\limits_{j=2}^{\infty}P\{N(t,t+\Delta t)=j\}=O(\Delta t)$，即对于充分小的 Δt，在 $[t,t+\Delta t)$ 内出现 2 次或 2 次以上交互的概率与出现 1 次交互的概率相比可以忽略不计。

定理 5-1 的证明如下。

令 $P_n(t)=P\{N(t)=n\}=P\{N(t)-N(0)=n\}$，$n\geqslant 1$，则有

$$\begin{aligned}P_n(t+\Delta t)&=P\{N(t+\Delta t)=n\}=P\{N(t+\Delta t)-N(0)=n\}\\&=P\{N(t)-N(0)=n,N(t+\Delta t)-N(t)=0\}\\&\quad+P\{N(t)-N(0)=n-1,N(t+\Delta t)-N(t)=1\}\\&\quad+\sum_{j=2}^{n}P\{N(t)-N(0)=n-j,N(t+\Delta t)-N(t)=j\}\end{aligned}$$

由 2）～4）得

$$P_n(t+\Delta t)=P_n(t)P_o(\Delta t)+P_{n-1}(t)P_1(\Delta t)+O(\Delta t)=(1-\lambda\Delta t)P_n(t)+\lambda\Delta tP_{n-1}(t)+O(\Delta t)$$

于是有

$$\frac{P_n(t+\Delta t)-P_n(t)}{\Delta t}=-\lambda P_n(t)+\lambda P_{n-1}(t)+\frac{O(\Delta t)}{\Delta t}$$

令 $\Delta t \to 0$ 取极限得

$$P_n'(t)=-\lambda P_n(t)+\lambda P_{n-1}(t)P_1(\Delta t)$$

所以

$$\mathrm{e}^{\lambda t}[P_n'(t)+\lambda P_n(t)]=\lambda\mathrm{e}^{\lambda t}P_{n-1}(t)$$

则有

$$\frac{\mathrm{d}}{\mathrm{d}t}[\mathrm{e}^{\lambda t}P_n(t)]=\lambda\mathrm{e}^{\lambda t}P_{n-1}(t) \tag{5-17}$$

接下来，可以用归纳法证明 $f(t_0,t_i)=P_k(t_0,t_i)=\frac{[\lambda(t_i-t_0)]^k}{k!}\mathrm{e}^{-\lambda(t_i-t_0)}$ 成立。

假设，当 $n-1$ 时式（5-16）成立，根据式（5-17）有

$$\frac{\mathrm{d}}{\mathrm{d}t}[\mathrm{e}^{\lambda(t-t_0)}P_n(t_0,t_i)]=\lambda\mathrm{e}^{\lambda(t_i-t_0)}\frac{[\lambda(t_i-t_0)]^{n-1}}{(n-1)!}\mathrm{e}^{-\lambda(t-t_0)}=-\lambda\frac{[\lambda(t_i-t_0)]^{n-1}}{(n-1)!}$$

积分得

$$\mathrm{e}^{\lambda(t_i-t_0)}P_n(t_0,t_i)=\frac{[\lambda(t_i-t_0)]^n}{n!}+c$$

由于 $P_n(0)=P\{N(0)=n\}=0$，代入上式得

$$P_n(t_0,t_i)=\mathrm{e}^{-\lambda(t_i-t_0)}\frac{[\lambda(t_i-t_0)]^n}{n!}$$

由条件 2）有

$$P\{N(t_i)-N(t_0)=k\}=\frac{[\lambda(t_i-t_0)]^{k-1}}{(k-1)!}\mathrm{e}^{-\lambda(t_i-t_0)},\ n=0,1,\cdots$$

证毕。

（2）推荐信任计算公式

协同推荐结点可以在一段时间内进行多次交互来减少时间衰减的影响，因而本节又引入推荐结点与评估结点交互内容相似度，以及推荐结点与评估结点的熟悉度，较好地保证推荐的可信性。由此，推荐的可信度（RR_i）计算公式为

$$\begin{cases}\mathrm{RR}_i=\sqrt[4]{f(t_0,t_i)\mathrm{Sim}(C_{\mathrm{SP}}^i,C_{\mathrm{SP}}^j)\alpha\omega_{\mathrm{SR}}^i} & \text{，如果}i\text{是熟人推荐结点}\\ \mathrm{RR}_j=\sqrt[4]{f(t_0,t_i)\mathrm{Sim}(C_{\mathrm{SP}}^i,C_{\mathrm{SP}}^j)\beta\omega_{\mathrm{SR}}^j} & \text{，如果}j\text{是陌生人推荐结点}\end{cases} \tag{5-18}$$

其中，$f(t_0,t_i)$ 是时间影响函数；$\mathrm{Sim}(C_{\mathrm{SP}}^i,C_{\mathrm{SP}}^j)$ 是交互结点与评估结点、交互结点

与推荐结点间的交互内容相似度，α、β、ω 如第 3 章所述。

因此，推荐信任综合计算公式为

$$\overline{\mathrm{RT}_{\mathrm{SP}}}=\frac{\sum\limits_{\begin{cases}i,j=1\\ i\neq j\end{cases}}^{n}\left(\sqrt{\mathrm{RR}_i\mathrm{DT}_{\mathrm{SP}}^{i}}+\sqrt{\mathrm{RR}_j\mathrm{DT}_{\mathrm{SP}}^{j}}\right)}{n} \tag{5-19}$$

3. 总体信任计算

根据前面章节的分析，可知通过对结点的直接信任和推荐信任融合，就得到了总体信任，其计算公式为

$$\mathrm{GT}_{\mathrm{SP}}^{\mathrm{SR}}=\begin{pmatrix}\lambda & \gamma\end{pmatrix}\begin{pmatrix}\mathrm{DT}_{\mathrm{SP}}^{\mathrm{SR}}\\ \\ \overline{\mathrm{RT}_{\mathrm{SP}}}\end{pmatrix} \tag{5-20}$$

其中，$\lambda+\gamma=1$，$\lambda,\gamma\in[0,1]$，λ 表示直接信任权重因子，γ 表示综合推荐信任权重因子。从社会关系角度分析，在结点交互过程中，直接交互所获得的信任感要高于推荐获得的信任感。因此，随着网络交互次数的增加，资源需求结点更愿意相信自身与目标结点的直接交互信任度，即 λ、γ 应随交互次数等因素而动态变化。当 λ 越大，γ 越小时，说明评估者和评估对象之间随着交互次数 k 的增加，其直接信任所占比重将会越来越大，推荐所占比重则越来越小。同时，对于任意一个待评估的服务结点来说，评估结点对其信任和不信任是各占一半的关系，因此可以引入交互影响力函数 $\lambda(k)$，其计算公式为

$$\lambda(k)=1-\left(\frac{1}{2}\right)^{\frac{k}{n-k}}=\begin{cases}1-\left(\dfrac{1}{2}\right)^{\frac{k}{n-k}}, & n-k\neq 0\\ 1, & n-k=0\end{cases} \tag{5-21}$$

其中，$\lambda(k)$ 表示以交互次数 k 为变量的动态变化函数。当 $n-k=0$，即 $k=n$ 时，意味着资源需求结点和目标结点间的所有交互皆为直接交互，并且无其他结点进行推荐，此时，$\lambda=1$；当 k=0 时，$\lambda(k)$=0，表示结点间无直接信任关系，其综合信任值计算将依赖于其他结点对目标结点的推荐信任。

5.3　实验及结果分析

根据模型中考虑的因素和计算方法，本章实验分为两部分：一部分是针对基

于信息理论和启发式规则的服务内容概念相似度计算；另一部分是根据服务的多属性相似所计算的信任值实验分析。

5.3.1　针对服务内容概念相似度实验

本体相似度实验测试普遍采用两种方式，一种是采用本体映射中的查准率和查全率来分析算法是否比较合理，而另一种是根据本体的标识来进行相似度测试。这两种测试方式的主要区别在于测试数据的选取，前一种测试的本体数据主要是根据本体的概念来进行比对，后一种则是对本体进行标识并按照标识来进行相似度计算。两种方式本质上并无区别，仅是由于数据表现形式不同，而分为两种不同的方式。

考虑计算机处理数据的特点，本章采用第二种方式的实验数据，选用了 EMBL-EBI 的基因本体实验数据 gene_ontology.obo.2004-06-01①作为测试数据，EMBL-EBI 是欧洲生物信息学研究所的生命科学实验室，为分子生物学生命科学实验提供全方位的服务，包括免费提供数据。本章和文献[3]实验配置类似，也选取 30 个概念对进行计算，并使用 OBO-Edit 本体浏览器生成概念的部分本体 DAG（directed acyclic graph，有向无环图），同时与公认较好 Resnik[4]方法和 Wang 等[5]方法的结果进行比较。列出其中的 10 对实验数据结果，如表 5-3 所示。

表 5-3　实验数据结果

Term1 ID	Term2 ID	Sim(Term1,Term2)		
		本章	Resnik	Wang 等
GO:0043025	GO:0005626	0.6721	0.3530	0.5770
GO:0048266	GO:0001662	0.7643	0.6412	0.7137
GO:0030534	GO:0005935	0.0433	0.0760	0.0564
GO:0007612	GO:0007616	0.8913	0.6431	0.7767
GO:0007625	GO:0009986	0.2116	0.4113	0.3397
GO:0042755	GO:0042595	0.7116	0.5353	0.6988
GO:0001662	GO:0042756	0.4321	0.2136	0.3377
GO:0048266	GO:0035176	0.5010	0.3728	0.4143
GO:0048149	GO:0008343	0.4876	0.2217	0.3361
GO:0035095	GO:0042595	0.5001	0.3010	0.4410

从实验数据中可以发现，GO:0048266 代表 behavioral response to pain 类，GO:0001662 代表 behavioral fear response 类，它们是 behavior 的子类。从其 DAG 本体结构（图 5-6）中，也可以看到它们互为兄弟类，因此它们之间应该具有较高的相似度。从表 5-3 的实验结果来看，它们之间的相似度达到 0.7643，证明与实际

① http://www.geneontology.org/ontology-archive/。

情况吻合。而 Resnik 和 Wang 等的结果分别为 0.6412 和 0.7137，也说明了计算是正确的。相比 Resnik 和 Wang 等的结果，本章算法分别提高了 12.3%和 5.1%。

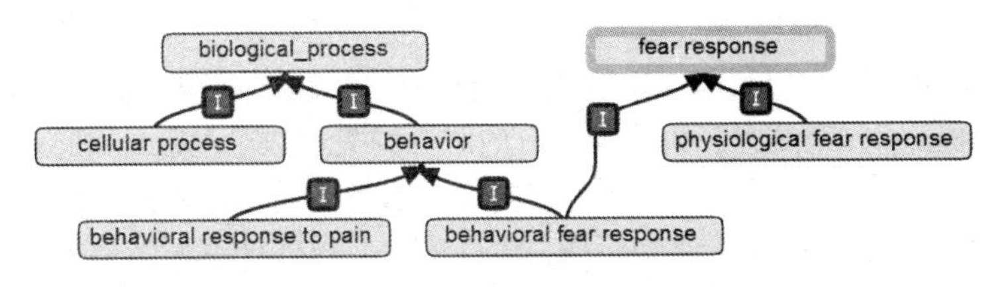

图 5-6　GO:0048266 和 GO:0001662 的部分本体结构

GO:0030534 代表 adult behavior，GO:0005935 代表 bud neck，可以从它们的 DAG 本体结构（图 5-7）中，看到它们之间关系相对比较疏远。从计算结果上来看，本章的方法计算出来的结果是 0.0433，可以看出是不相似的，而 Resnik 和 Wang 等的结果分别为 0.0760 和 0.0564，证明了本章的计算是正确的。从结果上进行对比发现，本章的算法相对比 Resnik 和 Wang 等的结果分别提高了 3.27%和 1.31%，说明本章的算法具有较好的效果。

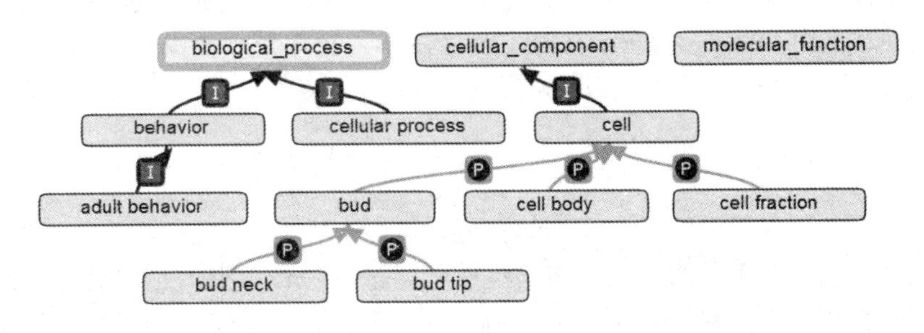

图 5-7　GO:0030534 和 GO:0005935 的部分本体结构

同样，GO:0043025 代表 cell body，GO:0005626 代表 cell fraction，其中，GO:0043025 是 GO：0005623 的自概念，是 is-a 的关系，而 GO:0005626 是 GO:0000267 的子概念，它们也是 is-a 的关系，而 GO:0000267 和 GO:0043025 是 part-of 的关系，它们是 GO:0005623 的子类，即是 is-a 的关系，因此 GO:0043025 和 GO:0005626 之间的相似度是较高的，达到了 0.6721。

从实验结果分析来看，本章提出的概念相似度计算方法能够满足对信任计算的要求，其计算的准确度高于另外两种方法，基本达到了设计的要求。

5.3.2　信任实验设计及结果分析

仿真实验主要考查本章提出的信任计算算法是否能够有效抑制恶意结点欺诈、策略型欺诈、协同作弊。

1. 实验设计和说明

和第 4 章实验类似，本章实验模拟仿真了推荐信任计算算法，并通过在网络中的运行来验证其实验结果。其中，实验模拟设置结点数扩大到 500 个，服务种类设计为 30 个，每个结点随机分配拥有的服务种类个数。考虑到相同服务或商品内容概念本体的名称可能存在较大的差异，同时考虑前后应具有一致性，本章仍然采用前面所用的基因本体作为服务内容的概念，以便计算服务内容的概念相似度，而在计算服务相似度时，则不考虑所用的（基因）本体概念间具有的实际意义及它们之间的继承与部分-整体关系，即其仅代表不同的商品而已。对于服务价格的设计，在不考虑实际使用的情况下，利用程序随机生成每个服务的价格，并且将生成的价格浮动范围限定为 0～100，同时不考虑同一服务在不同的结点上的差异性。

把这些服务随机分配给网络中各结点，并保证每个结点至少提供一种服务内容，每次仿真由若干周期组成，在每个周期内保证每个结点交互一次，初始结点的信任值设置为 0.5，表示其可信与不可信皆有可能。仿真实验环境与第 4 章实验环境相同，采用 Intel core CPU 3GB，内存 2GB，操作系统为 Windows XP，运行环境为 JDK 1.6，开发工具为 Eclipse。

2. 实验结果分析

（1）针对结点策略性欺骗行为的实验分析

针对恶意结点随时间变化的策略性欺骗问题，考查模型对结点策略性欺骗行为的感知能力，分析本章方法与 EigenRep[6]模型、一般模型（仅以是否交互过作为信任判定条件）针对策略性欺骗行为方面的差异。通过将本章模型和 EigenRep 模型、普通模型进行对比，能较好地说明问题。

在实验的模拟中可以看到，恶意结点通过一段时间的成功交互获得较高的信任评价后，然后间歇性地采用欺骗行为。从图 5-8 可以看出，在前 20 个交互周期里，结点采取正常的交互行为，以获取相应的信任度，其中，普通模型在前 20 个交互周期时，有 90%以上的成功率，说明了结点开始时采用的是正常的交互行为，而本章模型和 EigenRep 模型相比普通模型交互成功率则相对较低，仅有 80%多的交互成功率，说明在交互初始时这两个算法表现出了较为谨慎的态度。随着交互周期增加，结点开始采取恶意行为，在交互周期为 25 个时，从实验数据可以看出，EigenRep 模型和普通模型的交互成功率都开始下降，其中，EigenRep 模型的交互成功率由 20 个周期时的 92.2%下降到 89%，下降了 3.2%，而普通模型则由 20 个周期时的 99%下降到 95%，下降了 4%，虽然两个模型都表现出了下降的趋势，但是其下降的速度相对较慢，表明对抑制恶意推荐效果较为有限。本章模型在 25 个周期时的交互成功率是 75%，较之 20 个周期时的 87.6%，下降了 12.6%，与 EigenRep 模型和普通模型比较，本章模型分别提高了 14%和 20%，说明本章模型对于策略型的欺诈结点具有更好的敏感性。

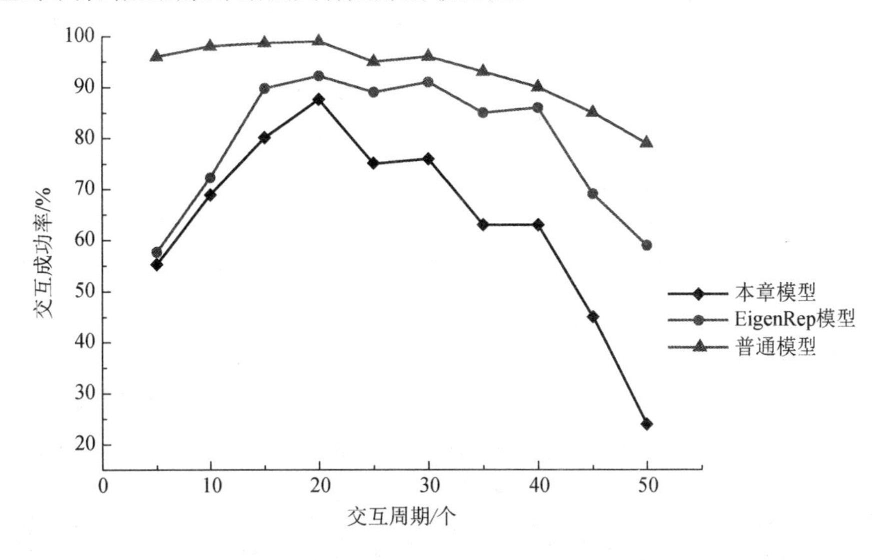

图 5-8　结点采取策略性变化时的信任变化规律

因此，相比 EigenRep 模型和普通模型，本章的推荐信任模型对结点策略行为的突然改变更加敏感，当结点采用间歇性欺骗行为时，信任值快速下降，随着时间推移，其信任值下降速度快于其信任值恢复的速度，说明本章模型能较好地识别策略性欺骗结点。

（2）针对不同恶意推荐结点规模的实验

从图 5-9 可以看出，在恶意结点率不断提高的情况下，本章的推荐信任模型其交互成功率与 EigenRep 模型相比有了较好的改善和提高，随着恶意结点率的不断上升，交互成功率迅速下降，但与 EigenRep 模型相比，当恶意结点率超过 60%时，本章模型仍能维持一个较高的交互成功率。不论是单纯恶意结点，还是协作型恶意结点，该模型对它们都表现出了良好的抑制效果。

（3）针对固定恶意结点率的实验

通过实验发现，在设置恶意率为 40%的情况下，随着交互周期的不断增多，本章模型的交互成功率也表现出一个较好效果。交互周期增多时交互成功率的变化如图 5-10 所示。

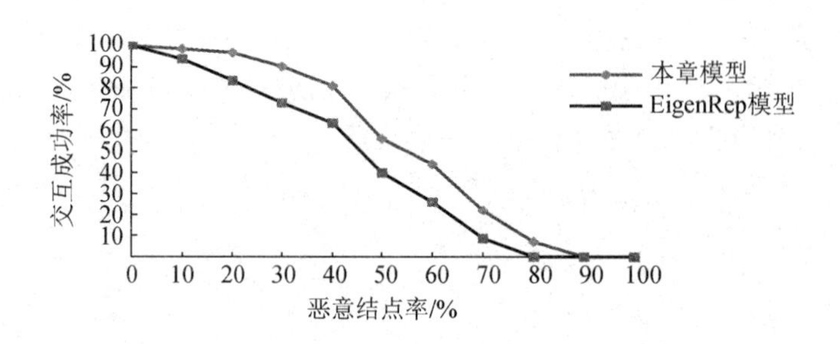

图 5-9　恶意结点率变化时交互成功率的变化规律

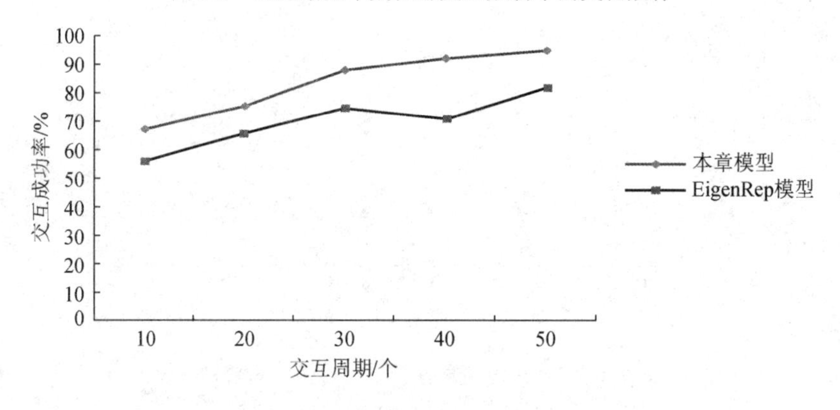

图 5-10　交互周期增多时交互成功率的变化规律

（4）针对恶意协同推荐攻击的实验

本实验和实验（1）不同的是，实验（1）的恶意推荐是结点随机推荐，推荐结点间无协同性，而本实验设计的则是由若干个结点共同针对一个结点进行协同推荐，因此，在设置实验时，本章设置了 10%的共同恶意协同作弊推荐结点和 10%的随机推荐作弊结点，事先将这几个结点设置为只推荐其中某几个结点，而且设定在初始的 10 个周期内这些推荐结点只和这几个结点进行交互，以取得较高的信任值。在 10 个周期后，则开始进行恶意推荐行为。

本实验通过和 Hassan 模型[7]实验进行比较来说明本章模型的实验效果。Hassan 模型是由 Hassan 等提出的，该信任模型满足结点间有历史交互经验的和两结点第一次进行交互的情况，其通过几个调剂参数能较好地控制恶意协同推荐作弊和欺诈的问题。因为本章模型与 Hassan 模型较为接近，所以选择和 Hassan 模型进行对比来说明实验的效果。

从图 5-11 可以看出，在前 10 个交互周期内，本章模型和 Hassan 模型相比，具有较高的交互成功率，交互成功率为 94%，Hassan 模型为 90%，说明此时结点的恶意行为非常少。随着交互周期和恶意推荐结点比例的不断增加，信任计算的准确性开始不断下降，导致交互失败的次数增加，交互成功率下降，这时本章模型在 30 个交互周期时，交互成功率维持在 89%，而 Hassan 模型仅有 71%。相比 Hassan 模型，本章模型高出了 18%的成功率，说明本章模型对于抑制恶意推荐具有更好的效果。由于推荐结点的每一次恶意推荐都会影响其本身的信任值，并导致不断降低其推荐信任，所以，当交互周期增加和恶意推荐结点比例增加时，交互成功率下降幅度增大。到了 40 个周期后，Hassan 模型只有 66%的交互成功率，而本章模型仍然能维持 80%的成功率。

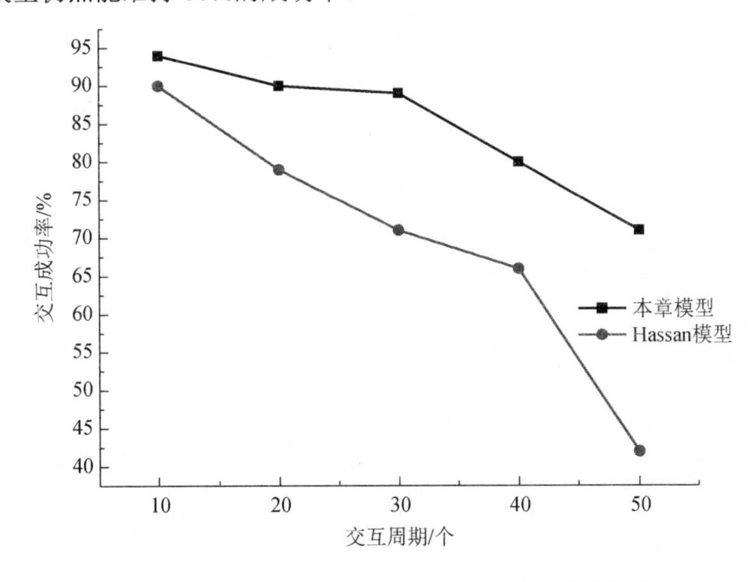

图 5-11　恶意协同作弊推荐时交互成功率的变化规律

从实验结果来看，虽然 Hassan 模型有一定的抵御能力，但它假设推荐者都具有高的可信度，同时缺乏惩罚机制，因而不能有效弱化不诚实推荐对信任的影响，交互成功率下降趋势明显较快。本章模型随着交互周期和恶意推荐结点比例的增加，推荐路径上结点的不诚实推荐可被其他诚实的推荐所屏蔽，交互成功率下降幅度较轻。因此对比 Hassan 模型，本章模型引入服务内容相似度和动态调整信任值，同时利用激励手段来提高推荐竞争，相比以往信任模型能更有效地过滤恶意推荐结点，使推荐信息更加准确。

小　　结

本章针对第 4 章依靠服务内容概念相似度来保证结点的可信性存在粒度过粗和适合小规模服务的局限性问题，提出了基于服务多属性相似度的推荐信任计算方法，通过对影响服务的多个属性的相关研究和计算，保证了服务推荐的可信性，同时提出了基于信息理论和启发式规则的概念相似度算法，保证了概念相似度计算的准确性，继而确保了对服务提供者信任计算的安全性，较好地预防了协同推荐作弊和策略性欺骗的问题。

参 考 文 献

[1] WANG G, GUI X L. DRTEMBB: dynamic recommendation trust evaluation model based on bidding[J].Journal of multimedia, 2012, 7(4): 279-288.

[2] 甘早斌，丁倩，李开，等. 基于声誉的多维度信任计算算法[J]. 软件学报，2011，22（10）：2401-2411.

[3] 甘明鑫，窦雪，王道平，等. 一种综合加权的本体概念语义相似度计算方法[J]. 计算机工程与应用，2012，48（17）：148-160.

[4] RESNIK P. Semantic similarity in a taxonomy: an information based measure and its application to problems of ambiguity in natural language[J]. Journal of artificial intelligence research, 1999, 11(1): 95-130.

[5] WANG J Z, DU Z, PAYATTAKOOL R, et al. A new method to measure the semantic similarity of GO terms[J]. Bioinformatics, 2007, 23(10): 1274-1281.

[6] KAMVAR S D，SCHLOSSER M T. EigenRep: reputation management in P2P networks[C] // The 12th International World Wide Web Conference, 2003.

[7] HASSAN J, HUNG L X, KALIM U, et al. A trust model for ubiquitous systems based on vectors of trust values[C]// Proceedings of the Seventh IEEE International Symposium on Multimedia, 2005.

第 6 章　基于马尔可夫链的多属性推荐信任评价方法

【导言】在以往的信任模型中，针对信任的认识经常存在一概而论的情况。例如，在淘宝网中，存在大量专门从事针对卖家或买家进行评价服务的商家，由于存在相关利益，这些商家往往对网上的一些正常买家或卖家进行恶意诋毁评价或是做出恶意的夸大评价，这些评价将可能最终误导消费者正常的消费行为，为电子商务的健康发展带来较大的安全隐患。究其原因，可以发现这种情况是由于系统对结点的信任缺乏相应的详细划分和考虑，把交互信任值既作为交互结点的交互信任，同时又作为推荐结点的推荐信任值，而实际上结点在交互时的交互信任并不能代表它作为推荐结点的推荐信任值，换句话说，也就是交互信任值高的结点不一定推荐信任值就高。虽然从社会行为中可以发现这种认知现象普遍存在，但是在实际的应用中则会给交互安全带来隐患。

所以采用交互信任高的结点其推荐也更可信的策略会给网络带来两个方面的问题：一方面是虽然服务提供结点的信任可以通过其他推荐结点对其推荐的融合计算得到，但是推荐者自身推荐的可信性却未加以考虑，仅是依赖其交互信任来判断其推荐信任的可靠性，造成推荐结点可以利用协同推荐进行欺诈、恶意诋毁和作弊，进而会影响结点的总体信任计算的准确性；另一方面是交互信任值高的结点其推荐也更可信会引起“推荐寡头”的现象，同时也影响其他结点推荐的积极性，久而久之，会使网络推荐缺乏客观公正，给网络健康发展带来隐患。

针对以上问题，本章提出了基于马尔可夫链的推荐信任评价更新算法，通过区分结点的交互信任和推荐信任，将结点推荐能力进化度作为其客观准确的评价，以便有效抑制推荐寡头的产生，并利用对推荐信任的更新，使结点的推荐信任达到动态更新的目的，并使结点综合信任计算更加准确。

6.1　基于马尔可夫链的推荐信任评价方法

6.1.1　推荐信任属性分析

1. 推荐信任相关属性提取

在大数据环境中，一个结点既可能作为交互结点也可能作为推荐结点，因而一个结点就包含两类可信度：一类是作为交互结点的可信度；另一类是作为推荐结点的可信度，且两者是不同的。

作为交互结点的可信度已经在第 4、5 章中讨论过，其信任值可以通过综合信任计算得到。而作为推荐结点，其推荐信任可信度是指其自身的推荐被网络中其他结点相信的程度。对于推荐信任可信度的度量在以往的信任模型中常常被忽略，给网络中协同作弊推荐、恶意诋毁、欺诈交互带来了机会。因此，对结点推荐信任的评价就显得尤为重要。为评价推荐的可信性，先需要分析结点推荐所包含的相关属性。

在实际应用中，可以发现推荐评价的可信性往往涉及较多方面，因此难以把握和度量，但从社会组织学和实际应用角度，可以发现推荐的可信度与 4 个方面相关，它们分别是推荐成功率（recommendation success ratio）、推荐能力的进化度、推荐结点自身的可信性，以及结点推荐与推荐综合信任值之间的差异度。

2. 属性选取的合理性分析

1）推荐成功率是表示结点推荐是否被其他结点认可的重要指标之一，因此，如果一个结点的推荐成功率高至少说明其被其他结点认可程度较高。

2）推荐能力的进化度是推荐结点成功推荐能力进步程度的一个重要指标，考虑以往信任模型中存在推荐寡头的问题，采用推荐能力进化度能有效抑制网络中已有推荐结点相比新加入结点推荐始终占优的问题。

3）推荐结点自身的可信性说明结点在以往的交互和推荐中给予其他结点的一种信誉度，其表示在以往的网络服务历史中，对自己的交互历史和推荐历史的一个综合信任度，这与前面分析以往信任模型中存在结点交互可信其推荐也可信的认识是不同的，因此将其作为衡量推荐可信性一个重要指标。

4）结点推荐与综合推荐信任值之间的差异度说明了推荐结点推荐信任值与综合推荐信任值之间的差距，是推荐准确性的重要度测指标。

综上分析，采用这 4 个属性作为衡量推荐信任可信性的度测指标，并将通过对这 4 个方面的综合评判来对结点推荐的可信性进行决策，进而对结点的推荐信任更新做好准备。

6.1.2 基于马尔可夫链的推荐信任计算及更新

考虑到结点的推荐信任由推荐成功率、推荐能力的进化度、推荐结点自身的可信性，以及结点推荐与推荐信任值之间的差异度这 4 个重要的属性组成，因此推荐信任度就可以通过对这 4 个属性的加权综合计算得到。

1. 推荐信任的形式化表示

在计算之前，首先对推荐可信性进行形式化表述，并以四元组形式表示为

$$\mathrm{RT}' = (\mathrm{RSR}, \mathrm{REC}, \mathrm{Diff}, \mathrm{GT}) \tag{6-1}$$

其中，为了区别前面所提到的推荐信任（推荐结点对服务提供结点的推荐信任），将推荐信任的可信性用 RT′ 表示，用 RSR 表示推荐的成功率，REC 表示推荐能力的进化度，Diff 表示推荐信任的差异度，GT 表示结点自身的可信度。而从前面的分析可以得出一个具有较为普遍性的结论：一个结点的信任度 GT 高，并不代表其推荐的信任度 RT′ 就高，也就是说一个结点作为交互结点虽然可信，但不一定其推荐水平就高，即推荐可信性不一定高。

2. 推荐可信性计算

（1）推荐信任的差异度计算

推荐信任的差异度计算公式为

$$\text{Diff} = \frac{\left|\overline{\text{RT}_{\text{SP}}} - R_i\right|}{\overline{\text{RT}_{\text{SP}}}} \tag{6-2}$$

其中，R_i 是第 i 个推荐结点的推荐值；$\overline{\text{RT}_{\text{SP}}}$ 是综合推荐值。

（2）结点推荐能力的进化度计算

定义 6-1：推荐能力的进化度是指推荐服务结点的推荐准确度、成功率等指标随着推荐次数的逐渐增多，其推荐能力的各项指标表现出的进步程度。

推荐能力的进化度主要是考虑结点对于网络中推荐的贡献，因此结点推荐能力是不依赖于过去的历史经验，由此本章提出了基于马尔可夫过程的推荐能力的进化度计算方法。

马尔可夫链是指过程（或系统）在时刻 t_0 所处的状态为已知的条件下，过程在时刻 $t>t_0$ 所处状态的条件分布与过程在时刻 t_0 之前所处的状态无关，即在已知过程“现在”的条件下，其“将来”不依赖于“过去”，则称此过程为马尔可夫过程[1]。其数学表述如下。

定义 6-2：设随机过程 $\{X(t),t\in T\}$ 的状态空间为 I，如果对时间 t 的任意 n 个数值 $t_1<t_2<\cdots<t_n$，$n\geqslant 3$，$t_i\in T$。在条件 $X(t_i)=x_i$，$x_i\in I\ \ (i=1,2,\cdots,n-1)$ 下，$X(t_n)$ 的条件分布函数恰等于在条件 $X(t_{n-1})=x_{n-1}$ 下 $X(t_n)$ 的条件分布函数，即

$$P\{X(t_n)\leqslant x_n \mid X(t_1)=x_1,X(t_2)=x_2,\cdots,X(t_{n-1})=x_{n-1}\}=P\{X(t_n)\leqslant x_n \mid X(t_{n-1})=x_{n-1}\} \tag{6-3}$$

则称过程 $\{X(t),t\in T\}$ 具有马尔可夫性，或称此过程为马尔可夫过程。时间和状态都是离散的马尔可夫过程称为马尔可夫链。

（3）评价等级

对结点推荐能力进行评价，先建立评价等级，并用推荐能力的评价指标集 $V\{v_1,v_2,v_3,\cdots,v_n\}$ 表示。

（4）等级与等级人数比例

统计给推荐结点评价不同等级的人数，用 M_i 表示 i 等级的等级人数。用 S_i' 表示该等级的等级人数比例，则有

$$\sum_{i=1}^{n} M_i = N,\ S_i' = \frac{M_i}{N} \tag{6-4}$$

（5）状态与状态转移

本章用向量 $\boldsymbol{S}_w^t = (S_1^t, S_2^t, \cdots, S_j^t)$ 表示结点 w 推荐能力的评价状态，简称为状态。参数 t（取离散量）表示时间，这样 w 的第 k 次考评状态可以用 $\boldsymbol{S}_w^k$ 表示。在 t 变化时，w 的评价状态会随其行为表现的变化而变化，发生状态转移。

（6）转移概率矩阵

设 w 的本次考评状态为 $\boldsymbol{S}_w^k$，则上一次考评中的状态向量为 $\boldsymbol{S}_w^{k-1}$，由切普曼-柯尔莫哥洛夫方程[2]可知 $\boldsymbol{S}_w^{k-1} \times \boldsymbol{P}_w = \boldsymbol{S}_w^k$，这里 $\boldsymbol{P}_w$ 为一步转移概率矩阵。

$$\boldsymbol{P}_w = \begin{pmatrix} P_{11} & P_{12} & \cdots & P_{1n} \\ P_{21} & P_{22} & \cdots & P_{2n} \\ \cdots & \cdots & P_{ij} & \cdots \\ P_{n1} & P_{n2} & \cdots & P_{mn} \end{pmatrix} \tag{6-5}$$

其中，P_{ij} 表示从等级 i 到等级 j 的转移概率，且 $0 \leqslant P_{ij} \leqslant 1,\ (i, j = 1, 2, \cdots, n)$，$\sum P_{ij} = 1, (i = 1, 2, \cdots, n)$。

给定各评价等级具体分值 $x_1, x_2, \cdots, x_n$，就能进行具体量化，从而可得到推荐能力的得分情况，将其用 F_w 表示，即

$$F_w = \sum_{i=1}^{n} S_i x_i \tag{6-6}$$

由马尔可夫过程的遍历性[3]可知，当 t 趋向 ∞ 时，$\boldsymbol{S}_w^{t-1} = \boldsymbol{S}_w^t = \boldsymbol{S}_w^k$，只要求出稳定状态 $\boldsymbol{S}_w = (S_1, S_2, \cdots, S_n)$，就可以用它来计算 w 的进步情况。$\boldsymbol{S}_w$ 可从式（6-4）求出。

$$\begin{cases} \boldsymbol{S}_w \times \boldsymbol{P}_w = \boldsymbol{S}_w \\ \sum_{i=1}^{n} S_i = 1 \end{cases} \tag{6-7}$$

虽然得到 F_w，但是并不代表结点推荐能力的真实得分情况，而是表示在这段时间内的进步程度。F_w 越大，仅仅说明与上次相比其进步成绩越大。

3. 实例分析

为了说明推荐能力的进化度，对其进行相关的实例分析研究。假设推荐结点

w_1，w_2，评价等级分为 5 级（高度信任，信任，基本信任，不信任，高度不信任），分别用 FT，T，BT，NT，NFT 表示，结点 w_1，w_2 的等级人数及转移情况如表 6-1 和表 6-2 所示。

表 6-1 结点 w_1 的评价情况

结点数	本次评价						合计
	等级	FT	T	BT	NT	NFT	
上次评价	FT	1	1	0	0	0	2*
	T	2	24	1	0	0	26
	BT	1	0	1	0	0	2
	NT	0	0	0	0	0	0
	NFT	0	0	0	0	0	0
合计		4	25	1	0	0	30

* 所在的一行各数字含义是指上次评价中有 5 人给他评为 FT，而本次评价时，这 5 人当中分别有 4、1、0、0、0 个人给他评为 FT、T、BT、NT、NFT。以下各行同理。

表 6-2 结点 w_2 的评价情况

结点数	本次评价						合计
	等级	FT	T	BT	NT	NFT	
上次评价	FT	4	1	0	0	0	5*
	T	2	18	1	0	0	21
	BT	0	2	2	0	0	4
	NT	0	0	0	0	0	0
	NFT	0	0	0	0	0	0
合计		6	21	3	0	0	30

* 含义同表 6-1。

上次评价的实际状态

$$\boldsymbol{S}_{w_1}=(5/30,21/30,4/30,0,0)\text{，}\quad \boldsymbol{S}_{w_2}=(2/30,26/30,2/30,0,0)$$

本次评价的实际状态

$$\boldsymbol{S}_{w_1'}=(6/30,21/30,3/30,0,0)\text{，}\quad \boldsymbol{S}_{w_2'}=(4/30,25/30,1/30,0,0)$$

相应一次转移概率矩阵 $\boldsymbol{P}_{w_1}$ 和 $\boldsymbol{P}_{w_2}$ 为

$$
\boldsymbol{P}_{w_1}=\begin{bmatrix} \frac{4}{5} & \frac{1}{5} & 0 & 0 & 0 \\ \frac{2}{21} & \frac{18}{21} & \frac{1}{21} & 0 & 0 \\ 0 & \frac{1}{2} & \frac{1}{2} & 0 & 0 \\ 0 & 0 & 0 & 0 & 0 \\ 0 & 0 & 0 & 0 & 0 \end{bmatrix},\quad \boldsymbol{P}_{w_2}=\begin{bmatrix} \frac{1}{2} & \frac{1}{2} & 0 & 0 & 0 \\ \frac{1}{13} & \frac{12}{13} & 0 & 0 & 0 \\ \frac{1}{2} & 0 & \frac{1}{2} & 0 & 0 \\ 0 & 0 & 0 & 0 & 0 \\ 0 & 0 & 0 & 0 & 0 \end{bmatrix}
$$

由 $(I-\boldsymbol{P}_w)^{\mathrm{T}}\boldsymbol{S}_w^{\mathrm{T}}=0$ 求出 2 人的稳定状态。则对 w_1 可得出

$$
\begin{bmatrix} \frac{1}{5} & -\frac{1}{5} & 0 & 0 & 0 \\ -\frac{2}{21} & \frac{1}{7} & -\frac{1}{21} & 0 & 0 \\ 0 & -\frac{1}{2} & \frac{1}{2} & 0 & 0 \\ 0 & 0 & 0 & 1 & 0 \\ 0 & 0 & 0 & 0 & 1 \end{bmatrix}\begin{bmatrix} S_1 \\ S_2 \\ S_3 \\ S_4 \\ S_5 \end{bmatrix}=0
$$

得出 $\boldsymbol{S}_{w_1}=(10/33,7/11,2/33,0,0)$。同理可得 $\boldsymbol{S}_{w_2}=(2/15,13/15,0,0,0)$。

若各评价等级具体分值取 FT=90，T=80，BT=60，NT=50，NFT=30，则结点 w_1，w_2 推荐能力得分情况分别为 F_{w_1} =81.8，F_{w_2} =81.3，说明结点 w_1 的推荐能力要比结点 w_2 进步快。

4. 推荐可信性计算

综上可以得到推荐信任的计算公式，即

$$
\mathrm{RT}_i' = \omega_1\mathrm{RSR}_i^{(n-1)} + \omega_2\mathrm{Diff}_i + \omega_3\mathrm{REC}_i + \omega_4\mathrm{GT}_i \tag{6-8}
$$

其中，ω_i 表示各指标所占权重，$\sum_{i=1}^{4}\omega_i=1$；$\mathrm{RSR}_i^{(n-1)}$ 表示推荐结点 i 的前（n−1）次推荐的成功率。这 4 个方面所占的权重 ω_i 可以采用基于信息熵的方法来确定，其具体步骤和第 4 章所述方法一致，在此不再赘述。

6.2 实验分析

考虑到推荐服务的 4 个属性中，推荐成功率可以通过历史数据获得，针对该属性不需要再单独进行实验。因此，本章主要针对推荐服务的另外 3 个关键属性

分别进行了实验设计。

在推荐服务准确度实验中，结点都是随机分配和选择的，因此本章采用了服务整体平均准确度来考查其推荐服务的准确性；对于推荐服务能力的进化度实验，预先选择两个结点始终作为推荐结点，这样能够得到其每个循环周期的推荐进化能力，并且预先设定其中一个结点具有较高的可信度，可信度为 80%；另一个结点可信度相对较低，但仍保证其基本可信，可信度设为 60%，同时对推荐服务成功率根据交互周期也进行实验设计。在实验（1）和实验（2）中设置恶意结点率为 30%。

选取结点数为 50 个，服务内容为 10 个，服务内容随机分配给每个结点，交互周期设为 50 个，在每个交互周期中保证每个结点至少交互一次。实验环境采用 CPU 3.0GB，内存 2.0GB，操作系统为 Windows XP，运行环境为 JDK1.6。

（1）结点的推荐平均准确度实验

从图 6-1 可以看出，当交互周期不断增多时，EigenRep 模型针对推荐没有任何变化，说明 EigenRep 模型没有判断出推荐结点的交互内容与待交互内容的相似度，因而无法有效判别其推荐是否具有较高的可信性，而这与实际情况并不相符；相比较本章模型在 10 个交互周期时的平均准确度是 81%，在 20 个交互周期时的平均准确度是 91%，说明本章模型在交互内容不相符时，表现出了相对的差异性，即当交互周期变化时其推荐的准确度也发生了相应的变化，这也说明本章模型更加符合大数据环境中结点交互的实际情况。

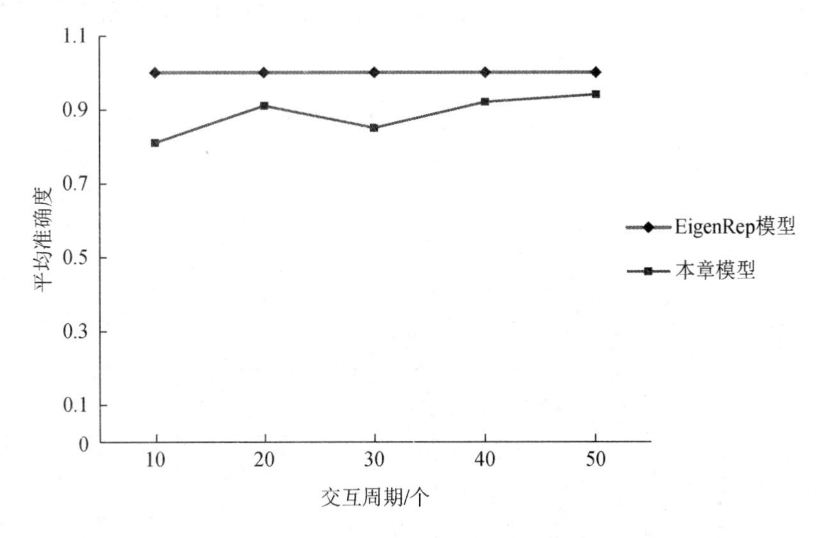

图 6-1　结点的推荐平均准确度随交互周期变化的规律

（2）推荐能力的进化度实验

为比较推荐能力的进化度，本章提前确定了两个结点作为固定推荐结点，其中一个初始可信度设置较高，另一个初始可信度设置较低，可以较为容易看出当两个结点随着交互周期增多，推荐能力进化度发生相应的变化。

从图 6-2 可以看出，在前 30 个交互周期里，可信度规模较低的结点的推荐能力的进化度要高于可信度较高结点的推荐能力进化度。随着交互周期增多，两个结点的推荐能力进化度逐渐接近，说明随着推荐能力不断提高，推荐成功率会不断提高，因此两个推荐结点的可信度也会逐渐接近，这样其推荐能力进化度也逐渐保持相当的水平，保证了结点间竞争的公平性，说明了本章算法是符合实际情况的。

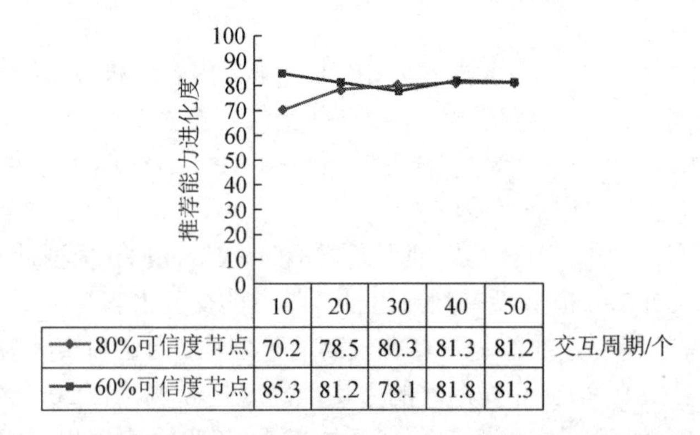

	10	20	30	40	50
80%可信度节点	70.2	78.5	80.3	81.3	81.2
60%可信度节点	85.3	81.2	78.1	81.8	81.3

图 6-2　不同可信结点规模的推荐能力进化度随交互周期变化的规律

（3）结点的推荐成功率实验

从图 6-3 可以看出，在不同恶意推荐结点率下，随着交互周期不断增多，结

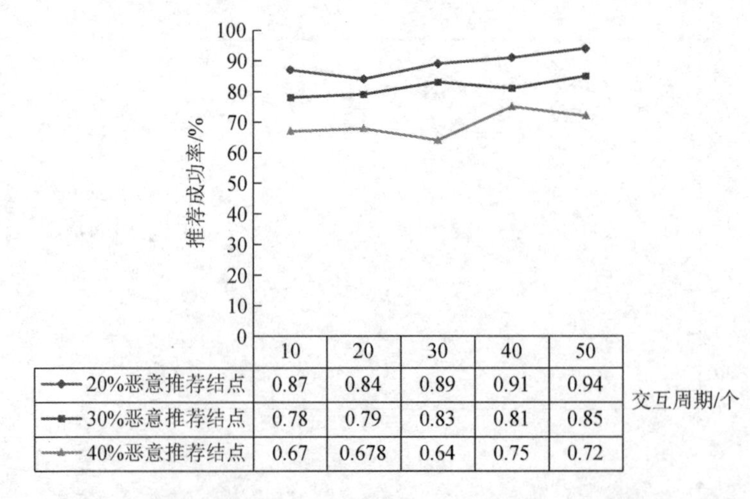

	10	20	30	40	50
20%恶意推荐结点	0.87	0.84	0.89	0.91	0.94
30%恶意推荐结点	0.78	0.79	0.83	0.81	0.85
40%恶意推荐结点	0.67	0.678	0.64	0.75	0.72

图 6-3　不同恶意推荐结点率下推荐服务成功率随交互周期变化的规律

点推荐成功率的变化情况。在恶意推荐结点率越低时，推荐成功率越高。当在 40%的恶意推荐结点率下，本章模型仍然能够保持 64%的推荐成功率，说明该模型对恶意推荐结点的攻击具有较高的稳健性。

总之，通过对推荐可信性的实验分析，发现利用影响推荐可信性的 4 个关键性因素的综合加权计算，能够较好地防范推荐结点进行恶意推荐和协同作弊的问题。

小　结

本章根据以往信任模型中存在对推荐结点的推荐可信性未加考虑的情况可能引起安全问题进行了深入的探讨，提出了基于马尔可夫链的多属性推荐可信评价方法，通过该方法较好地保证了结点的推荐可信性。

参 考 文 献

[1] 张衡．马尔科夫链的一个应用[J]．长春光学精密机械学院学报，1994，17（3）：44-49．
[2] 张效成，李静，耿薇．经济应用数学教程[M]．天津：南开大学出版社，2008．
[3] 汪荣鑫．随机过程[M]．西安：西安交通大学出版社，1987．

第 7 章 基于推荐信任和竞标-激励机制的服务结点选取综合评价模型

【导言】面对网络中的海量交互结点，当用户发出服务请求后，如何从大规模分布式网络环境中快速寻找到可信的、合适的交互结点是值得研究的一个问题。

从主观信任角度来看，一个结点的可信性是和它的以往行为及网络中其他结点对其的客观评价有关，因此，通过对某个结点自身的历史交互行为和其他结点对其的评价进行加权综合，可以得到该结点较为准确的信任值，而结点的评价则是通过其他结点的反馈来获取的。从心理学角度来看，欲使结点能够积极参与网络服务需要具有较好的激励策略。从社会价值角度来看，凡参与服务的网络结点（假设网络中结点皆为理性结点）不论是良好的还是恶意的，在参与社会服务的过程中，其目的都是获取相应利益。基于这些方面的综合考虑，本章借鉴竞标的思想，利用竞争机制使结点正常服务所获得的长期收益高于非正常服务所获得的收益，其中，收益包括所获得的显性收益（资金收益）与所获得的隐性收益（良好的信誉）。文献[1]把前一种称为硬激励机制；后一种称为软激励机制。通过竞标有效调动结点服务积极性，再通过奖惩-激励机制来确保正常服务获得正收益，恶意服务获得负收益，保证网络中的服务能够较好地完成。

本章从结点活动的主观期望是对利益的追求这一理性本质出发，提出在大数据环境下面向社会网络的基于竞标-激励机制的交互结点选取综合评价模型，以便选取合适、安全、可信的交互结点，为用户的交互决策提供依据。

7.1 社会网络概述

随着互联网技术的不断发展，社会网络理论及其关键应用技术成为当前国内外研究的热点之一。社会网络是一门现代计算技术与社会科学之间的交叉学科，目前还没有统一的、权威的定义，一般泛指个体与个体之间、个体与群体之间、群体与群体之间的各种关系。

国外学者 Scott 对社会网络的定义是由人组成的群体或组织及它们之间的关系所构成的集合，这种关系可能包括同事关系、朋友关系、亲属关系等[2]。Schneider 等针对在线社会网络给出相应的定义，是在有共同兴趣、行为、背景和（或）友谊的人群之间形成的在线社区关系，而且大多数在线社交网络是基于Web的形式，并且允许用户上传资料（如文本、图像和视频）和以多种方式进行交互[3]。其特点是利用大量的社交网络工具，如 Twitter、Facebook、微博等来进行联系和沟通。Tavakolifard 和 Almeroth 将社会网络归入社会计算中，提出了社会计算是推荐系统、信任/声誉系统和社会网络三个相互交叉的综合计算系统的观点[4]。

国内学者刘军对社会网络的定义是社会行动者及其之间关系的集合，即一个社会网络是由多个点（社会行动者）和各点之间的连线（行动者之间的关系）组成的集合[5]。其中，社会行动者可以是任何一个社会单位或者社会实体。还有学者将社会网络定义为社会个体成员之间由互动而形成的相对稳定的关系体系，社会网络关注的是人们之间的互动和联系，社会互动会影响人们的社会行为。

从国内外研究者对于社会网络及其相关研究领域的研究和理解中可以发现其主要包含 3 个方面的内涵：①社会网络系统是以人的社会关系为中心的网络系统，而信任关系是人际关系的核心。②社会网络是一个涉及多学科的交叉研究领域，其研究涉及多个方面[6]，这一理解强调了社会网络计算技术是融合了心理学、社会学、通信技术等多学科领域所形成的计算思维模式，充分利用各种计算机系统和技术来认识和发现人类的社会行为规律，同时认为社会计算网络是由 Web 应用安全的相关研究、基于代理的可计算社会和经济模型研究、辅助人类决策的情感和智能技术设计发展研究及社会和心理的计算支持研究所组成。③社会网络计算是关于社会行为和计算机系统交叉的计算机科学研究领域，它包含两层含义：一层含义就是社会网络必须使用或通过计算系统来支持各种社会行为，通过使用计算机系统来创建或再建社会交互的习惯，即为社会进行计算的范式；另一层含义是社会计算一定是辅助支持人类群体行为活动的计算，即用社会化的方法来计算，从这个意义上讲，社会计算的一些典型例子就是社会网络中的典型例子，包括信誉系统、协同过滤、计算社会选择、在线拍卖、市场预测等。

从国内外的研究可以看出，社会网络本质上就是以人类社会关系为中心，将计算机技术与社会学、心理学、组织学等学科进行交叉融合后所形成的一类新型社会网络，其目的是指导和改变人类的各种社会行为，为人类提供多样化的服务，其突出特点表现为社会交互性强。

社会网络环境下的具体应用服务包括电子商务服务、商业云计算服务、P2P 网络应用服务等多种新型网络应用服务。随着这些新型网络应用技术的不断发展和成熟，物理世界的真实社会网络和虚拟社会网络间的差异越来越小，其提供的多种应用服务已经给当前人类的生产方式和社会生活带来了巨大的变化，并以前所未有之势影响着人们的价值观念和生活态度。越来越多的人、组织和团体利用在线社交网络、云计算、物联网、P2P、电子商务和移动互联网等新型网络应用系统从事各种各样的活动，如从浏览新闻、商品的服务，再到购买商品的服务；

从留言板、MSN、QQ 的即时通信服务，再到新浪微博、豆瓣网、人人网的各种虚拟社交网络服务；从个人的资源利用到虚拟社区的资源共享服务，再延伸到各种虚拟合作服务，无一不体现了其对当前社会的剧烈影响。

网络系统在带给人们各种便捷的服务和利益的同时，其风险也相应伴随而来。其中，利用网络进行虚假交互、恶意欺诈、协同恶意推荐等问题逐渐成为当前社会网络环境下新型网络应用中不容忽视的严重问题，这些问题对当前社会网络环境下的电子商务交互服务、基于社交网络的可信交互服务、云计算环境中的可信服务及其他社会网络环境中服务的可信安全问题都带来了不同程度的影响，其表现为网络中结点间缺乏相互信任、网上交互问题频出、网上服务受到严重阻碍、网络健康发展被严重威胁。

从计算机网络技术的角度来分析，可以发现当前社会网络环境下的网络应用服务面临以下几个方面的严峻挑战[7-12]。

1）在当前网络应用环境中，大量用户以匿名或者伪匿名的方式存在并进行交互，其在网络中的可信性、可靠性都难以保证。虽然很多网络应用中利用可信第三方来保证可信性，但是在分布式、开放性、匿名下的网络环境中，可信性仍然是一个较难保证的问题。

2）当前网络应用环境所具有的开放性、大规模、异构性、动态性和分布性等特点，使结点数量极其庞大，同时，用户结点的加入和退出表现出了一种高度动态性特点，而且网络中的服务资源提供者和使用者具有较高的动态变化性，因此传统的集中计算方式已不能完全适应新的应用环境，需要寻找有效管理网络用户资源和计算资源的方法。

3）当前网络应用环境中，用户结点间表现出了大量的合作性需求，用户间通过协作来获得收益成为当前社会网络应用中的一个新的方向。但由于用户之间的匿名性，其合作中很难保证相互间的可信性，为合作及交互带来不可预料的风险。

4）随着新型网络应用规模的逐渐变大、应用综合性的不断提升、计算资源种类和范围的逐渐扩大及计算模式创新速度的逐渐加快，都对网络系统的可信度提出了更高的要求。

从以上挑战的出现可以发现，虽然传统的安全技术手段能够在一定程度上保证网络应用的安全性，但是传统的网络安全手段专注于信息的保密性和完整性，主要通过身份鉴别、完整性认证、授权、加密、访问控制和审计等技术的综合应用来贯彻安全策略。这样的网络安全体系，一方面不能满足 Internet 的连通性和动态性需求；另一方面以证书为中心的公钥基础设施（public key infrastructure，PKI）身份认证体制并不能确保信任关系的建立和维护，存在需要可信第三方的问题，而且单纯的身份认定并不等同于信任关系的建立，同时也无法防止恶意结点团伙协同作弊、恶意伪造信任值的问题。可见，传统的安全技术或措施已经不能完全满足当前应用的需要。将社会信任概念引入当前网络应用中，将其作为解决信息安全的一类关键技术是近年来信息安全领域的一个重要的思路和方向。目前已有众多的学者对其进行了大量的研究，并取得了丰硕的成果，但仍然留有很多问题值得继续进行深入研究，其中主要包括以下几个方面。

1）从信任的本质来说，信任是人与人之间所形成的一种社会关系，它具有复杂性、脆弱性、不确定性、风险性、不可传递性、不对称性、时空衰减性等一系列复杂的特性，而且信任包含较多个人心理情感成分，具有较高的主观性。从认知心理来讲，信任涉及历史行为、期望、假设、环境、时间等多重因素，因此寻找信任的量化预测方法并建立评测模型都是非常困难的事情。

2）信任是动态变化的。随着近年来各种新型网络应用环境的不断推出，信任研究重点和方法也发生了较大变化，从最初仅通过对系统 CPU 的监控、内存的监控、网络流量的监控等方法，到目前普遍采用第三方代理来监控和评价服务的可信安全性方法，其结点的目标和可信行为都发生了很大的变化。虽然很多学者也在不断地跟进研究，但是在理论和关键技术上至今仍然缺乏统一性，也缺乏较好的方法论指导，因而未能得到广泛的认可。

3）目前互联网的应用越来越多地体现了用户的参与和交互，对开放环境下社会网络动态信任关系的预测和评价模型研究不但是开放分布式网络信息安全的重要核心问题和基础性研究课题，也是近年来社会计算、云计算、可信计算领域的基础性研究工作。

因此，针对社会网络环境下用户行为的多样性、动态性、协同性的特点，根据用户和服务资源动态变化的新情况，在以人为中心的感知与计算环境下，系统地、全面地对信任管理关键技术进行研究，同时针对大规模用户结点的选取策略及交互结点的信任计算和信任预测模型的研究，具有实际的重要意义和较高的实用价值。

7.2 问题分析

在社会网络环境下，服务提供者通过对外发布和提供相应技术、业务、商品等来提供服务；服务请求者通过发布所需的服务请求来获取服务提供者提供的相应服务内容；服务推荐者则是通过向服务请求者推荐合适的服务提供者来取得相关收益。正常情况下，服务提供者、服务请求者、服务推荐者三者通过相互协作来完成服务的请求和执行，但在不同的应用场景中，当服务请求者发出请求信息后，服务提供者是否能积极响应请求，服务推荐者是否愿意进行推荐是一个复杂和难以测度的问题。例如，在 C2C（customer to customer，个人对个人）电子商务网络系统中，当一个用户产生需求时，往往是通过查询来获取相应商家及其相关信息，若是通过向网络发出购买请求，在商家接收到信息后，有多少商家愿意提供商品服务，可能与用户购买的商品类型（商品内容）、商品价格、商品数量及交互的收益是多少等因素有关，而服务推荐者是否有兴趣提供合适的推荐信息，则可能与推荐所能获得的推荐收益有关。而服务请求者愿意接受交互，则是根据其对服务可信性来进行决策，同时会根据最终服务的满意度来支付相应报酬。

综上分析可以发现，当前的服务计算模式中存在以下几个主要问题。

1）面对大量的服务拥有者，服务请求者如何能够寻找到合适、可信的服务拥有者作为服务提供对象。

2）以往寻找服务提供者多是通过被动查询方式或者广播的形式来获取相关信息，所以缺乏足够的动力去提供主动服务。

3）由于缺乏较好的激励策略，无法刺激服务推荐者积极进行推荐服务。

综上分析可以看出，目前网络系统中缺乏较好的奖惩-激励机制，因而导致网络结点普遍存在惰性较强的问题，系统较难寻找到可信性较高的服务提供结点。因此，寻找一个合适有效的奖惩-激励机制是保证网络能够正常挑选出合适交互结点的一个重要前提。本章就是在分析了服务提供者和服务推荐者所关心的问题后，寻找到解决这些问题的关键性因素，再根据这些因素所占的权重不同，建立以竞标机制为基础的相关激励模型。

7.3 基于竞标-激励机制的结点评价决策框架

针对社会网络环境下的信任问题，本章提出了如图 7-1 所示的基于竞标-激励机制的交互结点选取综合评价模型总体架构，该模型分为 4 个部分。其中，部分（1）是针对网络中的海量交互结点，通过竞争机制有效激励网络中的结点进行竞标，以便提供网络服务获取相应的收益。部分（2）是理想交互结点的选取。部分（3）中是交互结点的信任计算。其中，部分（3-1）是结点推荐信任计算，部分（3-2）是通过引入交互影响力函数融合直接信任和推荐信任所得到的交互结点综合信任。部分（4）是推荐结点的推荐信任更新计算。

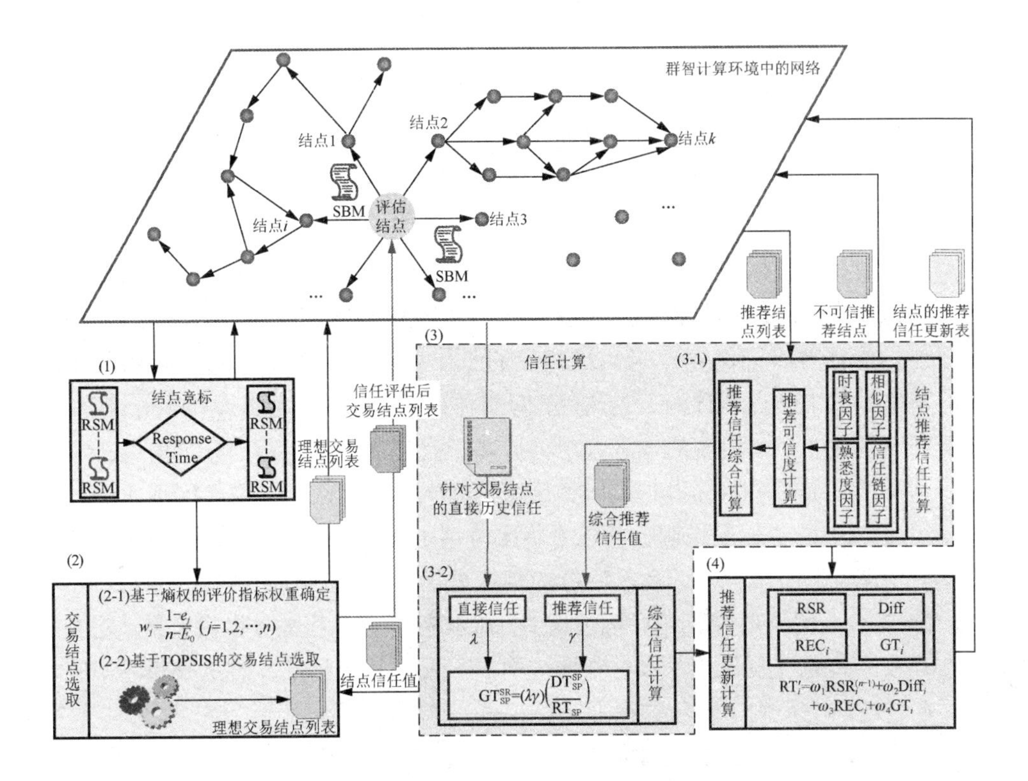

图 7-1　基于竞标-激励机制的交互结点选取综合评价模型总体架构

4 个部分的逻辑关系描述如下：①由社会网络中的评估结点（服务需求结点）发出需求信息，网络中的其他结点收到信息后进行响应，由部分（1）对响应的结点进行竞标，去除不符合竞标要求的相应结点；②由部分（2）对符合竞标要求的结点进行评估，选取理想交互结点队列；③将交互结点集合在网络中公示；④由部分（3）对结点进行信任计算，得到可信的理想交互结点；⑤由部分（4）对结点的推荐信任进行更新、维护。

7.4　竞标-激励机制分析

社会网络环境下的竞标-激励机制实质就是在以社会关系为中心的交互环境下利用竞标的思想，预设奖惩-激励策略，通过竞标算法计算得到合理规模的竞标结点集合。借鉴竞标的思想，使结点通过竞标获得服务机会，用良好的服务来获取收益以刺激网络中的服务结点更好地进行服务，满足结点追求利益的主观期望，使网络获得良性的循环发展。

7.4.1　竞标机制分析

传统竞标是指卖家将商品出售给出价最高的买者，其本意是人们愿意为某件东西设定一个价格而进行竞价购买，也就是按照价格出价。为此本章先给出几个相关概念的定义。

定义 7-1：竞标就是按照网络中的服务请求条件，结点根据自身拥有的资源在规定的时间内通过相互竞争获得服务机会以获得相应收益。

竞标中需要不同的角色来完成相应的工作过程，因此，本章按照网络中的服务角色将网络结点划分为 3 类角色，即服务提供者、服务请求者和服务推荐者，每个结点可做 3 个角色中的任意一个，但在一次交互中只能充当一个角色。

本章虽然借鉴了竞标思想，但和传统竞标概念又有区别，主要区别如下。

1）本节中的竞标是指服务请求者将服务请求发布出去，服务提供者根据要求来竞争相应的服务机会。因此，中标的是能提供最好服务的提供者。

2）在社会网络环境下的竞标过程中，除服务请求者和服务提供者外，还有服务推荐者，其通过服务推荐参与竞标过程，并根据其服务推荐质量来获取相应收益。在这一点上不同于传统的商业竞标模式。

3）不同于传统的商品竞拍模式，服务提供者给予服务请求者的服务价格是不公开的。

7.4.2　竞标机制中服务质量评价目标分析

1. 服务提供者的服务质量评价目标

对服务提供者服务质量的评价是通过服务质量评价目标来考查的，质量评价目标是竞标的依据和确保系统能够选取合适服务提供者的前提。根据社会网络环境下的网络交互特点，一个服务的好与差主要和服务价格、服务提供者信誉、服务提供者的交互成功率及服务交互数量 4 个指标有关。考虑到服务交互成功率在服务提供者信誉计算中已有体现，如果再作为一个相对独立的考核指标就会出现重复计算的问题，因此本章将这两个具有交叉重复性的指标进行合并处理，即把对服务成功率的考核并入服务提供者的信任考核计算中。这样，服务提供者的服务质量就由服务价格、服务提供者信誉和服务交互数量 3 项指标来共同决定。因此，本章将服务质量总评价目标分为 3 个子目标，即服务价格、服务提供者信誉和服务交互数量，如图 7-2 所示。

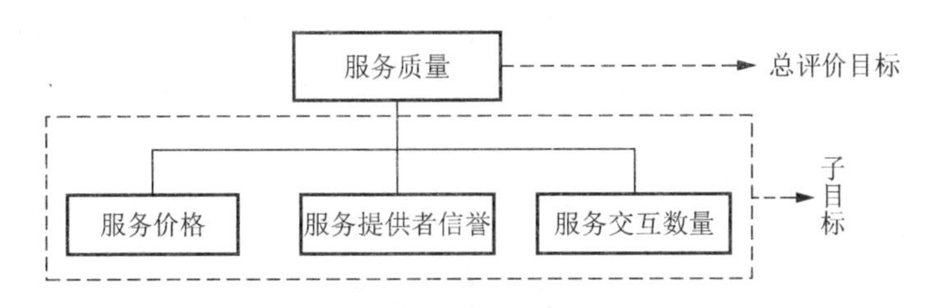

图 7-2　服务质量评价目标关系图

服务价格对于服务请求者来讲是成本性指标，属于低优指标；服务提供者信誉是体现服务可信性的指标，属于高优指标；服务交互数量则表示服务的受欢迎程度，也属于高优指标。

2. 服务推荐者服务质量评价目标

对服务推荐者服务质量的评价是通过服务推荐质量评价目标来考查的，服务推荐者主要是针对服务请求者的请求，根据自己与服务提供者的历史交互经验向网络系统反馈该服务提供者的信任值。因此，对于服务推荐者的质量评价目标主要是其推荐的成功率、推荐差异度、推荐进化度及其推荐的可信性，如图 7-3 所示。

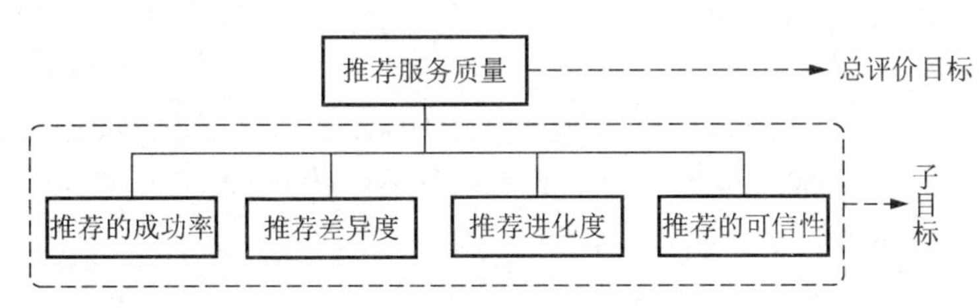

图 7-3　推荐服务质量评价目标关系图

7.4.3　激励机制分析

激励是现代经济管理科学中一种重要的手段和方式，它的功能就是要研究人的行为规律来提高人的生产、工作的积极性。美国管理学家贝雷尔森（Berelson）和斯坦尼尔（Steiner）对激励的定义是：“一切内心要争取的条件、希望、愿望、动力都构成了对人的激励……它是人类活动的一种内心状态。”人的一切行动都是由某种动机引起的，动机是一种精神状态，它对人的行动起激发、推动、加强的作用。激励分为正面激励和负面激励，正面激励就是对符合组织目标的期望行为进行奖励，负面激励就是对不符合组织目标的期望行为进行惩罚。

1. 激励指标分析

要使激励产生好的效果需要建立激励机制，即设计良好的激励指标体系。激励分为内部激励和外部激励，内部激励指的是通过完成组织目标的同时，使人们能够达到锻炼自身、获得认可、自我实现，以便获得一种持久性的作用；外部激励则是指通过奖金、报酬等外部手段来刺激人们完成相应的组织目标。相对内部激励，外部激励较难达到持久性的作用。

社会网络环境本质上是一种以人的社会关系为中心的计算模式，因而制定一个相对有效的激励机制能够保证服务请求者、服务提供者和服务推荐者较好地完成系统目标。制定一个良好的激励机制，需要分析影响激励的主要因素。本章根据服务质量评价目标的分析结果将激励因素分为内部激励因素和外部激励因素两类。

（1）内部激励因素

不同于传统现实物理世界的内部激励因素，如提供公平的竞争环境、个人能力得到充分重视等，虚拟环境下的内部激励因素具有匿名性、虚拟性、动态性等特征，使现实环境中的内部激励因素的使用受到了极大的限制。考虑到内部激励因素所起的重要作用，本章从网络服务提供者、服务推荐者自身角度分析可以发现，服务提供者、服务推荐者完成系统目标的过程就是其达到自我价值实现的过程。从理性的角度分析，网络中的一个结点要达到长期持久获利需要具有一个较好的信誉来保证。因此，通过完成服务请求目标来不断积累自身信誉是最主要的一个内部激励指标。

（2）外部激励因素

现实环境中的外部激励因素主要是通过物质上的、经济上的奖励来刺激个人或用户进行投标和服务。类似于此，本章网络系统的外部激励因素主要是指通过提供服务获得的经济上的收益。

2. 激励策略分析

从社会价值角度分析，参与服务的网络结点（在此假设网络中结点皆为理性结点）不论服务质量是好是差，不论结点是善意的还是恶意的，其参与社会活动的目的都是获取利益。激励策略有两个作用：一个是以奖励作为手段来激励服务提供者提供服务；另一个是用惩罚手段来抑制恶意服务提供者的服务。因此，在结点皆为理性的前提下，本章所采用的激励策略分为奖励策略和惩罚策略。

（1）奖励策略

在成功交互后，对服务提供者给予内外激励因素指标奖励，即给服务提供者以经济上的奖励，并通过系统自动上调其服务信任度。而对于服务推荐者由于其数量居多，都给予经济奖励不切实际，因此本章依据推荐结点的贡献度大小给予其相应奖励。

（2）惩罚策略

相似于奖励，对于恶意服务提供者和恶意推荐或协同作弊推荐者也要进行严厉的惩罚。但是就目前的真实网络系统来看，经济惩罚较难操作，因其既牵扯法律、制度及真实服务质量界定的问题，又针对恶意用户结点，网络系统无权对其账户进行操作。因此，绝大多数真实应用网络系统往往采用其他模式来规避信任安全所带来的风险，如淘宝网通过第三方监管的模式，利用支付宝交互后 7 日付款来规避和降低信任风险。本章针对惩罚主要是对其内部因素指标进行惩罚，通过降低信任达到对其恶意行为的惩罚，从而提前发现并抑制其恶意行为，并且从仿真实验效果来看已达到了预期目标。

7.5　基于 TOPSIS 的竞标结点选取综合评价方法

7.5.1　多属性决策方法概述

基于竞标-激励的交互结点选取过程本质上是一种对参与竞标结点的评价决策过程。评价决策是人们在日常工作和生活中普遍存在的一种基础活动，其目的是在众多的方案中选择一个或多个合适的方案，同时也是一种认识现状、预测未来以指导行动的过程。目前国内外针对多属性决策的研究已经非常多，其方法相对较为成熟，因此，本节利用当前较为成熟的方法来解决竞标结点的综合评价问题。

评价决策一般分为两大领域：一个是多目标的评价决策，另一个是多属性评价决策。两者的区别是：前者的目标是设计出最好的对象或方案，其空间是连续的；后者是在已知的对象或方案中选择最佳的或是进行排序，其空间是离散的。本节的交互结点选取过程属于多属性综合评价决策过程。

综合评价决策过程是一个复杂的过程，决策程序大致包括 5 个阶段，即发现问题、确定目标、制定方案、方案评估（方案优选）和方案实施。具体流程大致如下。

1）确定评价目标。

2）建立评价指标体系，包括目标分解、指标的粗选与精选、结构优化和指标量化等。

3）选择评价方法、模型，包括评价方法的选择、权重的确定、评价指标值的规范化处理等。

4）搜集评价数据，实施综合评价。

5）一致性检验。

多属性评价决策过程中所采用的方法称为评价决策方法，目前主要包括专家评分法、Delphi（德尔斐）法[13]、SAW（simple additive weighting，简单加法加权）法[14]、ELECTRE（elimination et choice translating reality，消去选择转换）法、AHP （the analytic hierarchy process，层次分析）法[15]、TOPSIS 法[16-19]。除这些方法外，近年来为解决信息间存在的模糊性、不确定性问题，还提出了模糊评价法[17,20-22]、粗糙集评价法[23,24]和灰色决策评价法[21,25]，以及综合这些方法的综合评价法[26-31]等。本章对以上这些方法的优缺点进行了比较，如表 7-1 所示。

表 7-1　各种评价方法的优缺点说明

方法	优点	缺点
专家评价法	使用简单，直观性强，在缺乏足够统计数据和原始资料的情况下，可以做出定量估计	主观性强，缺乏客观性和准确性，理论性与系统性弱，定性方法与定量方法结合不够
Delphi 法	统计学方法，多专家多轮咨询后采用统计方法对结果进行处理	时间长，费时费力，不适合快速反应的网络系统
SAW 法	求解方法简单易用，各属性关系相互独立，各属性价值函数呈线性关系	应用范围狭窄，较难适合实际应用
ELECTRE 法	较好的实际适用性	排序的阈值主观性强，计算方法复杂，还需要结合其他相关计算分析方法
AHP 法	分析关系层层递进，逻辑性强，系统性高，综合性强，简单易用	判断矩阵受评价专家个人知识因素等限制，主观性较强，排序时难以保证传递性，方案的增减会影响其保序性，属性间具有线性关系，具有一定的应用限制性
TOPSIS 法	计算方法简单，实用性强，结论的客观性、真实性、可靠性都较强	权重的确定具有一定的主观性，新增方案或对象时，易产生逆序问题
模糊评价法	对属性关系的界定更加准确，更加符合实际应用	所有属性值需要转换为隶属函数，易产生信息误差，另外权重的确定存在一定主观性
灰色评价法	相对模糊评价法，其信息误差率降低，具有一定适用性	具有一定的主观性

综合以上分析，结合本章研究的问题，本节选择 TOPSIS 法来选取合适的交互结点，针对其权重确定的主观性问题，提出了基于信息熵的权重确定方法加以解决。由于是在给定时间内进行竞标，不存在新增结点的问题，也就不会产生逆序的问题。

7.5.2　基于信息熵和 TOPSIS 法的竞标交互结点综合评价

基于熵权与 TOPSIS 法的竞标结点选取方法的基本思想是运用信息熵的方法来确定各评价指标的权重，然后通过 TOPSIS 法对各竞标结点进行排序，进而确定最合适的资源服务提供结点。

TOPSIS 法是 Hwang 和 Yoon 于 1981 年首次提出，又称理想点法。TOPSIS 法是根据有限个评价对象与理想化目标的接近程度进行排序的方法，是在现有的对象中进行相对优劣的评价，是一种简捷有效的多指标综合评价方法。其基本思想是：通过检测评价对象与最优解、最劣解的距离来进行排序，若评价对象最靠近最优解且又最远离最劣解，则为最好；否则为最差。其中，最优解的各指标值都达到各评价指标的最优值；最劣解的各指标值都达到各评价指标的最差值。

1. 基于 TOPSIS 法的竞标交互结点综合评价

由前面的分析，选取竞标结点的服务质量评价指标，具体包括 3 个，即服务价格、服务提供者信誉和服务交互数量。假设有 m 个竞标结点，则 n（n=3）个评价指标所确定的评价指标决策矩阵是 $\boldsymbol{Y}=(y_{ij})_{m\times n}$，其中，$y_{ij}$ 表示对第 i 个竞标服务提供结点的第 j 个指标的评价值，即该结点在第 j 个指标的值。

$$\boldsymbol{Y}=\begin{pmatrix} y_{11} & y_{12} & y_{13} \\ y_{21} & y_{22} & y_{23} \\ \vdots & \vdots & \vdots \\ y_{m1} & y_{m2} & y_{m3} \end{pmatrix} \tag{7-1}$$

由于 3 个评价指标的量纲不同，对决策矩阵进行归一化处理，则有

$$\boldsymbol{Y}'=\begin{pmatrix} y'_{11} & y'_{12} & y'_{13} \\ y'_{21} & y'_{22} & y'_{23} \\ \vdots & \vdots & \vdots \\ y'_{m1} & y'_{m2} & y'_{m3} \end{pmatrix} \tag{7-2}$$

其中，

$$y'_{ij}=\frac{y_{ij}}{\sqrt{\sum_{i=1}^{m} y_{ij}^2}},\quad i=1,2,\cdots,m;j=1,2,3 \tag{7-3}$$

其加权规范决策矩阵为 $\boldsymbol{X}$，其中元素 x_{ij} 为 $x_{ij}=y_{ij}\times w_j$ $(i=1,2,\cdots,m;$ $j=1,2,3)$；w_j 为权重系数。

$$\boldsymbol{X}=\begin{pmatrix} y'_{11} & y'_{12} & y'_{13} \\ y'_{21} & y'_{22} & y'_{23} \\ \vdots & \vdots & \vdots \\ y'_{m1} & y'_{m2} & y'_{m3} \end{pmatrix}\begin{pmatrix} w_1 & 0 & 0 \\ 0 & w_2 & 0 \\ 0 & 0 & w_3 \end{pmatrix} \tag{7-4}$$

理想解 $\boldsymbol{X}^+$ 和负理想解 $\boldsymbol{X}^-$ 分别为

$$\boldsymbol{X}^+=\{x_1^+,x_2^+,\cdots,x_n^+\}=\{(\max x_{ij}\mid j\in J_1)\quad(\min x_{ij}\mid j\in J_2)\},(i=1,2,\cdots,n) \tag{7-5}$$

$$\boldsymbol{X}^-=\{x_1^-,x_2^-,\cdots,x_n^-\}=\{(\min x_{ij}\mid j\in J_1)\quad(\max x_{ij}\mid j\in J_2)\},(i=1,2,\cdots,n) \tag{7-6}$$

其中，J_1 为收益性指标集或高优性指标集，表示在第 i 个指标上的最优值，本节中两个指标中最优指标集即服务提供者信誉；J_2 为损耗性指标集或低优性指标，

表示在第 i 个指标上的最劣值，本节的低优指标则是服务价格。收益性指标越大，损耗性指标越小，对于评估结果越有利；反之，则对评估结果越不利。资源服务结点的评价值与最理想的评价值集合（理想解）和最不理想的评价值集合（负理想解）之间的距离可利用如下的 n 维欧几里得公式进行计算。

$$s^+ = \sqrt{\sum_{j=1}^{n}(x_{ij} - x_j^+)^2},\ i = 1,2,\cdots,m \tag{7-7}$$

$$s^- = \sqrt{\sum_{j=1}^{n}(x_{ij} - x_j^-)^2},\ i = 1,2,\cdots,m \tag{7-8}$$

由此，可定义各资源服务结点与理想资源服务结点的贴近度为

$$c_i = \frac{s_i^-}{s_i^+ + s_i^-},\ i = 1,2,\cdots,m \tag{7-9}$$

其中，c_i 反映了第 i 个资源服务结点接近理想资源服务结点而远离负理想资源服务结点的程度，显然，$0 < c_i \leqslant 1$，c_i 越大，表明该资源服务结点就越应该优先选择。当 c_i=1 时，第 i 个资源服务结点最接近理想服务结点。

2. 基于信息熵的指标权重确定方法

信息熵是信息论中标度不确定性的量，某项指标携带和传输的信息越多，不确定性就越小，熵也越小，其表示该指标对决策的作用较之其他携带和传输较少信息的指标要大。因此，本节利用信息熵权的大小来反映不同评价指标在决策中所起作用的程度。

设有 m 个竞标结点，n（n=3）个评价指标，用 y_{ij} 表示第 i 个竞标服务提供结点的第 j 个指标的评价值，则评价结点的指标评价值矩阵为 $\boldsymbol{Y}=(y_{ij})_{m\times n}$。由于各指标量纲不同，将其进行标准化处理，其计算公式与式（7-3）相同。

由信息熵的定义，评价矩阵 $\boldsymbol{Y}$ 中第 j 指标的信息熵为

$$e_j = -k\sum_{i=1}^{m} y_{ij}' \ln y_{ij}',\ j = 1,2,3 \tag{7-10}$$

其中，令 $k = \dfrac{1}{\ln m}$，当资源竞标结点数确定后，k 将是一个常量，以保证 $0 \leqslant e_j \leqslant 1$。

所有评价指标的总熵是 $E_0 = \sum_{j=1}^{n} e_j$，则定义指标 j 的偏差为

$$h_j = 1 - e_j,\ j = 1,2,3 \tag{7-11}$$

由信息熵的理论可知，当各被评价算法在某项指标上的值偏差较大、熵值较小时，说明该指标向评估结点提供了有用的信息；同时，还说明在该问题中，各评价算法在该指标上有明显差异，应重点考察。指标的熵值越大，表明各评价算

法在该指标上差异越小，对评价结果的影响也越小。考虑各指标间没有属性偏好的问题，所以，用信息熵测度表示的第 j 个指标的权重因子为

$$w_j = \frac{1-e_j}{n-E_0},\ j=1,2,3 \tag{7-12}$$

从式（7-10）～式（7-11）及熵的性质可以看出，当 $y_{i1}=y_{i2}=\cdots=y_{in}$ 时，熵值 e_j 达到最大值，此时熵权等于零，即第 j 个指标没有向服务请求结点 SR 提供任何有关服务提供结点 SP 的参考信息，因而将该指标删除不予考虑。

7.5.3　基于竞标-激励机制的可信交互结点综合评价算法

基于竞标-激励机制的交互结点综合评价决策算法及流程描述如下。其中，将服务请求者、服务提供者及服务推荐者称为结点，这样更符合计算机网络算法的描述习惯。

输入：初始化网络结点和结点拥有的多种服务（资源）。

输出：竞标成功结点，服务推荐结点。

步骤 1：服务请求结点向网络发出请求信息，即服务招标信息（service bidding messages，SBM）。

步骤 2：网络中结点接受招标，生成竞标结点候选集合，同时查询竞标结点对于本次服务内容是否有历史交互。当有历史交互记录时，响应服务竞标信息（resources service bidding messages，RSM）返回网络进行公示并进行推荐招标；若无历史交互记录，则转至步骤 4；若无结点接受竞标，则转至步骤 7。

步骤 3：有推荐结点推荐并返回竞标结点的信誉；若无推荐信息并且在服务请求时间内时，则返回步骤 2 发布新的服务招标信息；若超过服务请求时间，则转至步骤 4。

步骤 4：计算竞标结点的总体信任值。

步骤 5：根据 TOPSIS 法计算服务提供结点的服务质量，得到竞标成功的服务提供结点；根据多维属性的推荐服务信任计算方法，得到各推荐服务结点的贡献能力。

步骤 6：根据服务质量来奖惩服务提供结点，根据推荐服务的贡献能力奖惩服务推荐结点。

步骤 7：结束。

图 7-4 所示为基于竞标的结点激励和选取算法流程图。

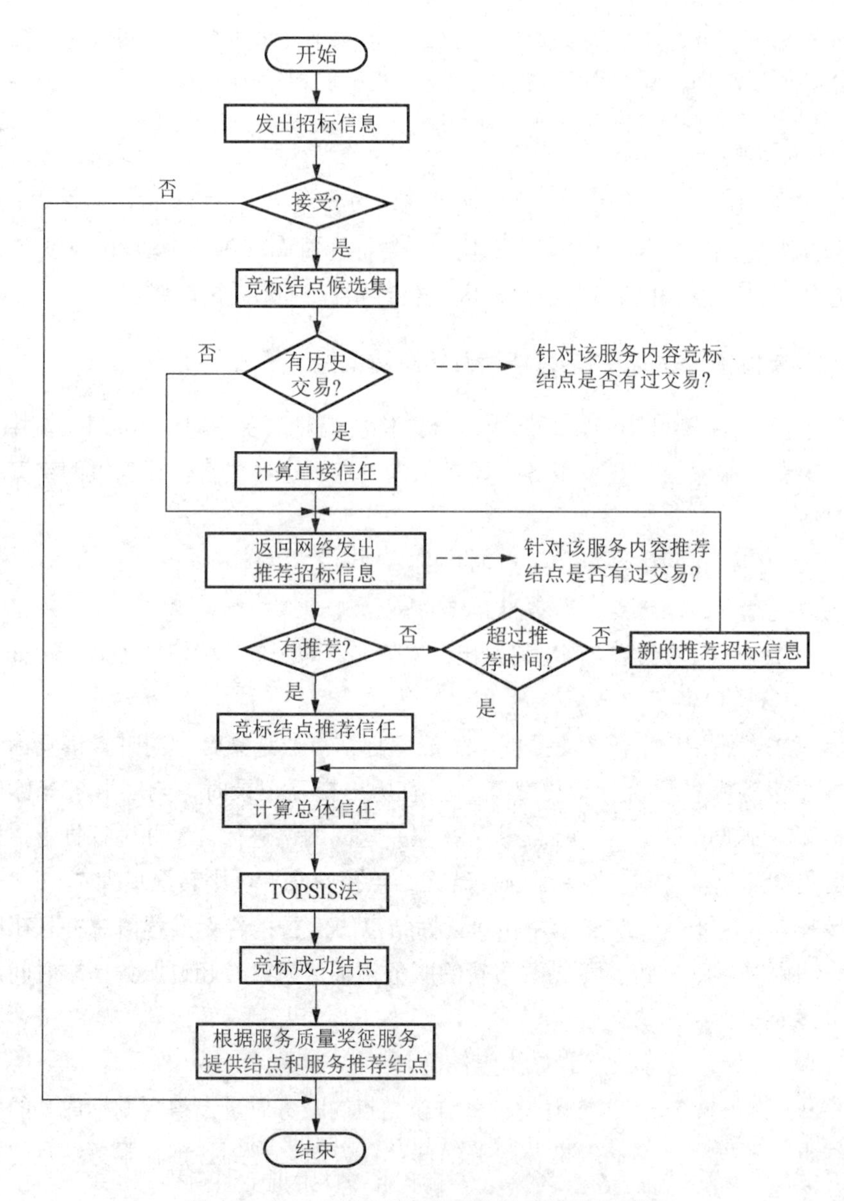

图 7-4 基于竞标的结点激励和选取算法流程图

7.6 实验结果分析

本章的仿真实验针对结点的 3 个重要指标进行实验考核，目的是验证本章所提算法是否合理，且符合要求。因此，在实验时先假设总是有结点进行交互响应的。

1. 实验设计和说明

本章实验模拟参数设置与第 4 章类似，设置结点数为 100 个，服务种类设计仍采用 30 个。对于结点的服务价格考核指标仍然采用与前面相同的设置方法，在不考虑服务内容与价格是否符合实际匹配要求的情况下，通过程序以随机的方式生成，价格的范围约定为 0～100，但与前面实验不同的是本章的实验是对比不同结点的优劣问题，因此还需限定不同结点拥有同一服务时价格的上下浮动不超过 20%，且不允许出现负值。对于结点的服务可信度通过前面章节计算得出。结点的交互数量则通过交互统计得出。

将这些服务随机分配给网络中的各结点，并保证每个结点至少提供一种服务内容，每次仿真由 50 个周期组成，在每个周期内保证每个结点交互一次，初始结点的信任值设置为 0.5，表示其可信与不可信皆有可能。仿真实验环境与第 3 章实验部署环境相同，采用 Intel core CPU 2.4GB，内存 3GB，操作系统为 Windows XP，运行环境为 JDK 1.6，开发工具为 Eclipse。

2. 所选结点的序列结果及指标值分析

根据前面的分析，在服务质量评价的 3 个指标中，可以知道服务价格属于低优性指标，服务信任和服务交互数量属于高优性指标。对于高优性指标其值越高越有利，而低优性指标则是越低越好。首先由实验得到所有结点在交互周期完成后的指标值，计算出 3 个指标各自的权重。然后挑选出具有相同服务的 10 个结点的数据进行说明和分析。为了更好说明，将所挑选的结点按照 A_1，A_2，A_3，…的方式来重新命名。

经过运算，得到的结点选取序列是 $A_5 \succ A_3 \succ A_4 \succ A_{10} \succ A_8 \succ A_9 \succ A_6 \succ A_1 \succ A_2 \succ A_7$。下面对结果进行分析说明。

根据计算得到所有结点的 3 个指标权重值是 $w_1 = 0.284$、$w_2 = 0.381$、$w_3 = 0.335$，从 3 个指标中，发现结点信任度在 3 个指标中略高一些，说明结点信任度是略显重要的，而服务价格和交互数量可以从权重的角度看出，服务价格略微占优一些。所选 10 个结点的评价指标值如表 7-2 所示。

表 7-2　所选 10 个结点的评价指标值

结点	服务价格	结点信任度	交互数量
A_1	58	0.62	16
A_2	47.2	0.41	12
A_3	49.61	0.73	42
A_4	63.2	0.89	38
A_5	55.8	0.85	44

续表

结点	服务价格	结点信任度	交互数量
A_6	62.8	0.66	15
A_7	54.3	0.2	4
A_8	61.6	0.75	21
A_9	58	0.57	13
A_{10}	47.5	0.76	29

从表 7-2 中，可以看出，结点 A_3 的交互数量最多，价格相对较低，而信任度较高；结点 A_4 的价格比较高，信任度也较高，但是交互数量却较低；结点 A_5 价格相对 A_3 和 A_4 处于适中，信任度和交互数量也在 3 个结点中处于适中的地位，因此，按照标准选择这 3 个结点作为候选结点。

3. 结点的相对贴近度比较

从图 7-5 可以看出，结点 A_5 的贴近度最高，达到 0.801，A_7 的贴近度最低，仅有 0.028。A_3、A_4、A_5 的贴近度相对较为接近，其中，A_3 的贴近度是 0.753，A_4 的贴近度是 0.712。从贴近度的值来看，这 3 个结点是比较接近的，而从这 3 个结点的 3 个指标来看，虽然 A_5 的价格不是最低的，其信任度也不是最高的，仅处于中间位置，但是由于其有较高的可靠性，价格也适中，而且交互数量也较多，说明其整体性价比要高于其他结点。因此，说明了系统的计算结果与本章的分析是相符合的。

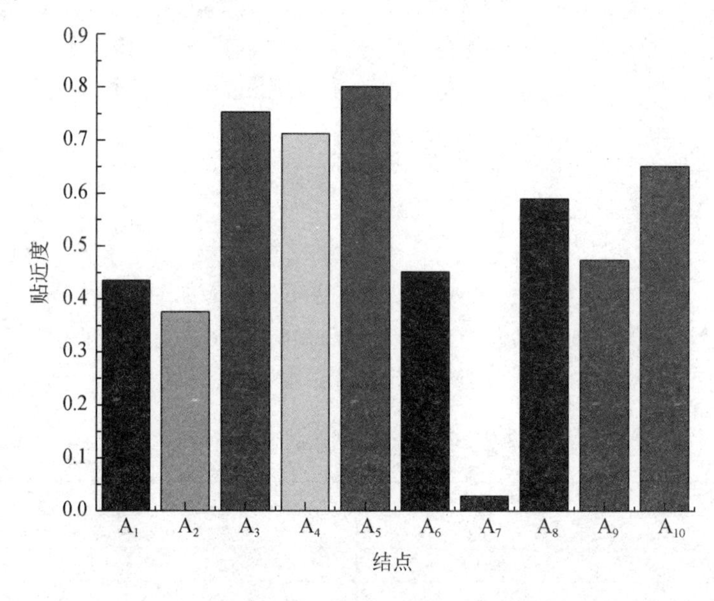

图 7-5　所选 10 个结点的贴近度

小　结

本章针对交互结点选取提出了基于推荐信任和竞标-激励机制的交互结点选取综合评价模型，构建了模型的基本架构，通过分析和制定竞标-激励机制，提出了基于信息熵和 TOPSIS 的竞标结点选取综合评价方法，通过信息熵来确定指标之间的权重，利用 TOPSIS 方法对交互结点进行选择。通过模拟实验仿真验证了实验的有效性。

参 考 文 献

[1] 张煜，林莉，怀进鹏，等. 网格环境中信任-激励相容的资源分配机制[J]. 软件学报，2006，17（11）：2245-2254.
[2] SCOTT J. SOCIAL network analysis: a handbook[M]. 2nd ed. London：SAGE，2000.
[3] SCHNEIDER F, FELDMANN A, KRISHNAMURTHY B, et al. Understanding online social network usage from a network perspective[C]// Proceedings of the 9th ACM SIGCOMM conference on Internet measurement, 2009.
[4] TAVAKOLIFARD M, ALMEROTH K C. Social computing: an Intersection of recommender systems, trust/reputation systems, and social networks[J]. IEEE Network, 2012, 26(4): 53-58.
[5] 刘军. 整体网分析讲义——UCINET 软件应用[C]//第二届社会网与关系管理研讨会暨中国社会学会社会网专业委员会（筹）成立大会，2007.
[6] MAO W J，TUZHILIN A，GRATCH J. Social and economic computing[J]. IEEE Intelligent Systems, 2011, 26(6): 19-21.
[7] 黄辰林. 动态信任关系建模和管理技术研究[D]. 北京：国防科学技术大学，2005.
[8] BLAZE M, FEIGENBAUM J, IOANNIDIS J, et al. The role of trust management in distributed systems security[M]// VITEK J, JENSEN C D. Secure Internet Programming. Heidelberg: Springer, 1999: 185-210.
[9] XIONG L, LIU L. PeerTrust: supporting reputation-based trust for peer-to-peer electronic communities[J]. IEEE transactions on knowledge and data engineering, 2004, 16(7): 843-857.
[10] 沈昌祥，张焕国，冯登国，等. 信息安全综述[J]. 中国科学 E 辑：信息科学，2007，37（2）：129-150.
[11] 桂小林，李小勇. 信任管理与计算[M].西安：西安交通大学出版社，2011.
[12] CHANG E, DILLON T, HUSSAIN F K. 服务信任与信誉[M]. 陈德人，郑小林，干红华，等译. 杭州：浙江大学出版社，2008.
[13] HWANG C L, YOON K S. Multiple attribute decision making: methods and applications[M]. Berlin: Springer-Verlag, 1981.
[14] SAATY T L. Modeling unstructured decision problems: the theory of analytical hierarchies[J]. Mathematics and computers in simulation, 1978, 20(3): 147-158.
[15] 王光远. 论综合评判几种数学模型的实质及其应用[J]. 模糊数学，1984，12（4）：81-87.
[16] 周亚. 多属性决策中的 TOPSIS 法研究[D]. 武汉：武汉理工大学，2009.
[17] 史本山，吴敬业. Fuzzy 评价机理与 Fuzzy 综合评价[J]. 西南交通大学学报，1992，（5）：33-39.
[18] 陈红艳. 改进理想解法及其在工程评标中的应用[J]. 系统工程理论方法应用，2004，13（5）：471-473.
[19] LAI Y J, LIU T Y, HWANG C L. TOPSIS for MODM[J]. European journal of operational research, 1994, 76(3): 486-500.
[20] 武小悦，李国雄. 一种 Fuzzy 多属性决策模型[J]. 系统工程与电子技术，1995，（4）：21-25.
[21] 曾广武，郝刚. 设计方案优选和排序中的模糊综合评判方法[J]. 中国造船，1987，（3）：48-57.
[22] MAEDA H,MURAKAMI S. The use of fuzzy decision-making method in a large scale computer system choice

problem[J]. Fuzzy set and systems, 1993, 54(3): 235-249.
[23] 吴善勤，裘泳铭，姚震球．船舶设计方案优选和排序的评判方法研究[J]．上海交通大学学报，1995，29（2）：14-19．
[24] SISKOS J. A way to deal with fuzzy preferences in multi-criteria decision problems[J]. European journal of operational research, 1982, 10(2): 314-324.
[25] 邓聚龙．灰色系统：社会、经济[M]．北京：国防工业出版社，1985．
[26] BASSON L，PETRIE J G. An integrated approach for the consideration of uncertainty in decision making supported by life cycle assessment[J]. Environmental modelling & software, 2007, 22(2): 167-176.
[27] 夏勇其，吴祈宗．一种混合型多属性决策问题的 TOPSIS 方法[J]．系统工程学报，2004，19（6）：630-634．
[28] ZIONTS S. Some thoughts on research in mutiple criteria decision making[J]. Computers & operations research, 1992, 19(7): 567-570.
[29] YU P L. Multiple-criteria decision making: concepts, techniques and extensions[M]. New York: Plenum Press, 1985.
[30] DUCKSTEIN L, GERSHON M. Multicriterion analysis of a vegetation management problem using ELEC-TRE Ⅱ[J]. Applied mathematical modelling, 1983, 7(4): 254-261.
[31] 陈湛匀．现代决策分析概论[M]．上海：上海科技文献出版社，1991．

第8章　区块链技术与信任管理

【导言】近年来，比特币蓬勃发展，其所特有的解决完整性、安全性、真实性的底层技术——区块链（Blockchain）迅速进入研究人员的视野。区块链技术起源于2008年由化名为中本聪（Satoshi Nakamoto）的学者在密码学邮件组发表的论文——《比特币：一种点对点的电子现金系统》，论文中指出在没有任何权威中介机构统筹的情况下，互不信任的人可以直接用比特币进行支付[1]。

比特币早期并没有引起人们足够的重视，但是随着比特币网络多年来的稳定运行与发展，使其在全球流行起来，并且比特币的底层技术区块链逐渐引起了产业界的广泛关注。国际权威杂志《经济学人》《哈佛商业评论》《福克斯》等相继报道区块链技术将影响世界。

当前，互联网的中心化发展模式一直是传统网络安全的软肋。区块链作为一种去中心化、集体维护、不可篡改的新兴技术，是对互联网底层架构的革新，也是对当今生产力和生产关系的变革。区块链被麦肯锡誉为是继蒸汽机、电力、信息和互联网科技之后，目前较有潜力触发第五次工业革命浪潮的核心技术。

区块链是一种按照时间顺序将数据区块以链条的方式组合成特定数据结构，并利用密码学方式来保证不可篡改和不可伪造的去中心化共享总账（decentralized shared ledger），其能安全存储简单的、有先后关系的、能在系统内验证的数据。区块链的本质是将各个区块连成一个链条，实际上是一种点对点的记账系统（一个总账本），每一个点都可以在上面记账（记录信息）。而传统记账系统的记账权只掌握在中心服务器中，如QQ、微信上的信息只能由腾讯的服务器来记账，淘宝、天猫的信息只能由阿里的服务器来记账。而在区块链系统中，每台计算机都是一个独立结点，每个结点都是一个数据库（服务器）。任何一个结点都可以记账，并且可以直接连接另外一个结点，中间无须第三方服务器。当其中两个结点发生交易时，这笔加密的交易会广播给其他所有结点；当网络中的结点具备相当规模时，任何一个结点或者若干结点想要篡改这些交易信息将是极其困难的事情。可以发现，区块链具有完全点对点，没有中间方；信息加密，注重隐私；交易可追溯；所有结点信息同步，交易不可篡改的重要特征。

利用去中心化和全员参与的特性，区块链迅速成为当前网络安全中的“一颗闪耀新星”，并直接挑战传统的网络安全信任模式。尽管区块链出现时间较短，但区块链技术的相关应用和研究目前已成为众多领域的一个重要研究方向。区块链的迅速发展已经引起了众多国家、政府部门、金融机构、科技企业和资本市场的广泛关注。区块链的创新之处不仅仅在于区块链技术的设计思想，还在于形成以区块链为中心的各种生态圈，其在证券交易、电子商务、股权众筹、身份验证、物联网、云计算等方面都有了进一步的研究发展和应用。

本章首先介绍了区块链的概念、特点和相关技术原理，并对区块链做出优缺点分析，特别是对区块链体系架构和核心技术进行了详细说明；然后，在此基础上对区块链应用系统应注意的问题做了介绍；最后，对区块链和当前的信任管理之间的区别和关系进行了说明和比较。

8.1 区块链的技术原理

8.1.1 区块链的概念和特点

（1）区块链的概念

从发展的角度来看，目前区块链还没有一个权威的定义。美国学者 Swan 在其《区块链：新经济蓝图及导读》（*Blockchain blueprint for a new economy*）一书中给出了区块链的定义，即区块链技术是一种公开透明的、去中心化的数据库[2]。根据工业和信息化部指导发布的《中国区块链技术和应用发展白皮书（2016）》：从广义的角度而言，区块链技术是利用块链式数据结构来验证与存储数据、利用分布式结点共识算法来生成和更新数据、利用密码学的方式保证数据传输和访问的安全、利用由自动化脚本代码组成的智能合约来编程和操作数据的一种全新的分布式基础架构与计算范式。袁勇和王飞跃认为，从狭义的角度而言，区块链是一种按照时间顺序将数据区块以链条的方式组合成特定数据结构，并以密码学方式保证不可篡改和不可伪造的去中心化共享总账，其能够安全存储简单的、有先后关系的、能在系统内验证的数据[3]。而颜拥等则认为，区块链技术是基于时间戳的“区块+链式”数据结构，利用分布式结点共识算法来添加和更新数据、利用密码学方法保证数据传输和访问的安全、利用由自动化脚本代码组成的智能合约来编程和操作数据的一种全新分布式基础架构与计算范式[4]。

综合以上学者给出的概念，可以发现区块链实质上是通过去中心化和去信任的方式集体维护一个可靠数据库的技术方案。该技术方案主要让参与系统中的任意多个结点，通过一串使用密码学方法相关联产生的数据块（每个数据块中包含了一定时间内的系统全部信息交流数据），并且生成数据指纹用于验证其信息的有效性和链接下一个数据库块。

（2）区块链的特点

区块链具有去中心化、时序数据、集体维护、可编程和安全可信等特点。

1）去中心化：区块链数据的验证、记账、存储、维护和传输等过程基于分布式系统结构，采用纯数学方法而不是中心机构来建立分布式结点间的信任关系，从而形成去中心化的可信任的分布式系统。

2）时序数据：区块链采用带有时间戳的链式区块结构存储数据，从而为数据增加了时间维度，具有极强的可验证性和可追溯性。

3）集体维护：区块链系统采用特定的经济激励机制来保证分布式系统中所有结点均可参与数据区块的验证过程（如比特币的“挖矿”过程），并通过共识算法来选择特定的结点将新区块添加到区块链。

4）可编程：区块链技术可提供灵活的脚本代码系统，支持用户创建高级的智能合约、货币或其他去中心化应用。例如，以太坊（Ethereum）平台提供了图灵完备的脚本语言以供用户来构建任何可以精确定义的智能合约或交易类型[5]。

5）安全可信：区块链技术采用非对称密码学原理对数据进行加密，同时借助分布式系统各结点的工作量证明等共识算法形成的强大算力来抵御外部攻击，保证区块链数据不可篡改和不可伪造，因而具有较高的安全性。

区块之间都会由这样的哈希值（*H*）与先前的区块环环相扣形成一个链条，如图 8-1 所示。

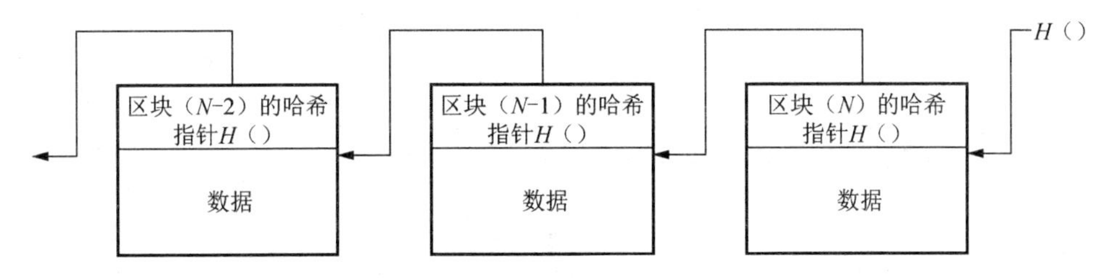

图 8-1　区块链区块示意图

从技术层面上看，区块链的核心要素包含以下 3 个方面。

1）块链结构：每一区块有时间戳，均使用前一区块的哈希加密信息；对每个交易进行验证。

2）多独立复制存储：每个结点都存储同样信息，享有同样权利；独立作业；互相怀疑，互相监督。

3）拜占庭容错：容忍少于 1/3 的结点恶意作弊或被黑客攻击，保证系统仍然能够正常工作。

要素 1）指出，区块链是一个账簿；要素 2）指出，区块链是一个分布式账簿；而要素 3）指出，区块链是一个一致性的同步分布式账簿。

传统的关系数据库管理系统、NoSQL 数据库管理系统都是由单一机构进行管理和维护，单一机构对所有数据拥有绝对的控制权，其他机构无法完整了解数据更新过程，因而无法完全信任数据库中的数据。所以，在多个机构协作模式下，中心化的数据库管理系统始终存在信任问题。以金融行业的清算和结算业务为例，传统中心化的数据库因无法解决多方互信问题，使每个参与方都需要独立维护一套承载自身业务数据的数据库。这些数据库实际上是一座座信息孤岛，在其清结算过程中需耗费大量人工进行对账，目前的清结算时间最快也需按天来计。如果存在一个多方参与者一致信任的数据库系统，则可显著减少人工成本及缩短结算周期[6]。

8.1.2　区块链的体系架构及相关技术

研究区块链首先要了解区块链架构。不同的研究人员给出了不同的体系架构。其中，袁勇和王飞跃提出六层架构，从下到上依次是由数据层、网络层、共识层、激励层、合约层和应用层组成，每层各有作用，下层为上层提供相应服务，如图 8-2 所示[3]。

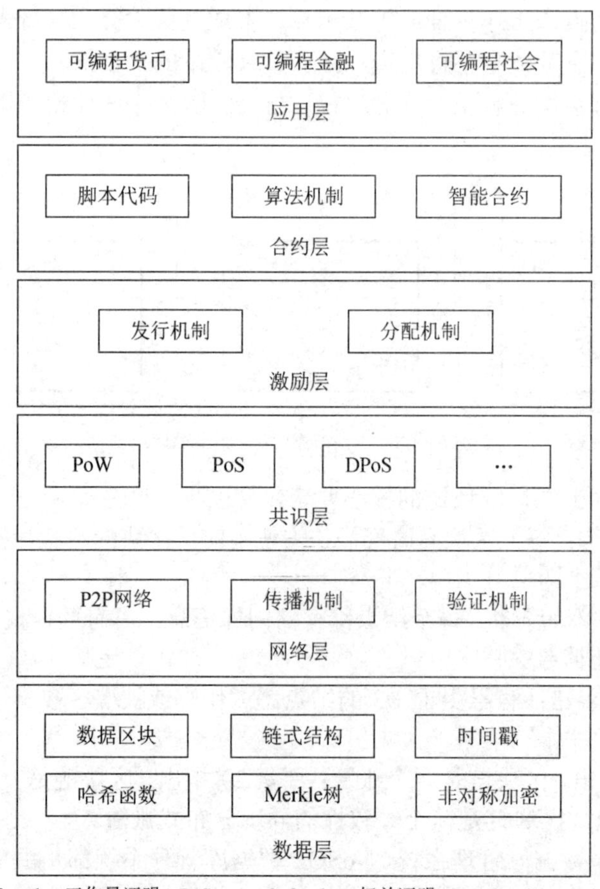

PoW—proof of work，工作量证明；PoS—proof of stake，权益证明；DPoS—delegated proof of stake，股份权益证明；P2P—person to person，个人对个人。

图 8-2　区块链基础架构模型（一）

朱志文提出了三层区块链架构，即网络层、扩展层和应用层[7]。中国人民银行合肥中心支行科技处课题组提出了数据共享层、共享协议层和应用程序编程接口三层模型[8]。邵奇峰等提出了五层的架构，即将区块链平台整体上分为网络层、共识层、数据层、智能合约层和应用层五个层次，如图 8-3 所示[5]。

		比特币	以太坊	Hyperledger Fabric
应用层		比特币交易	Dapp/以太币交易	企业级区块链应用
智能合约层	编程语言	Script	Solidity/Serpent	Go/Java
	沙盒环境		EVM	Docker
数据层	数据结构	Merkel树/区块链表	Merkle Patericia树/区块链表	Merkle Bucket树/区块链表
	数据模型	基于交易的模型	基于账户的模型	基于账户的模型
	区块存储	文件存储	LevelDB	文件存储
共识层		PoW	PoW/PoS	PBFT/SBFT
网络层		TCP-based P2P	TCP-based P2P	HTTP/2-based P2P

图 8-3　区块链基础架构模型（二）

（1）网络层

2001 年，Gribble 等提出将 P2P 技术与数据库系统进行联合研究[9]。早期的 P2P 数据库没有预定的全局模式，不能适应网络变化而查询到完整的结果集，因而不适合企业级应用[10,11]。基于 P2P 的区块链则可实现数字资产交易类的金融应用。区块链网络中没有中心结点，任意两个结点间可直接进行交易，任何时刻每个结点也可自由加入或退出网络，因此，区块链平台通常选择完全分布式且可容忍单点故障的 P2P 协议作为网络传输协议。区块链网络结点具有平等、自治、分布等特性，所有结点以扁平拓扑结构相互连通，不存在任何中心化的权威结点和层级结构，每个结点均拥有路由发现、广播交易、广播区块、发现新结点等功能[12]。区块链网络的 P2P 协议主要用于结点间传输交易数据和区块数据，比特币和以太坊的 P2P 协议基于传输控制协议（transmission control protocol，TCP）实现，Hyperledger Fabric 的 P2P 协议则基于 HTTP/2 协议实现。在区块链网络中，结点时刻监听网络中广播的数据，当接收到邻居结点发来的新交易和新区块时，其首先会验证这些交易和区块（包括交易中的数字签名、区块中的工作量证明等）是否有效，只有验证通过的交易和区块（新交易被加入正在构建的区块，新区块被链接到区块链）才会被处理和转发，以防止无效数据的继续传播。

（2）共识层

分布式数据库主要使用 Paxos[13,14]和 Raft[15]算法解决分布式一致性问题，这些数据库都由单一机构管理维护，所有结点都是可信的，算法只需支持崩溃容错（crash fault-tolerant，CFT）。去中心化的区块链由多方共同管理维护，其网络结点可由任何一方提供，部分结点可能并不可信，因而需要支持更为复杂的拜占庭容错（Byzantine fault tolerant，BFT）。假设在总共 n 个结点的网络中至多包含 f 个不可信结点，对于同步通信且可靠的网络而言，拜占庭容错能够在 $n \geqslant 3f+1$ 的条件下被解决[16]。而如果是异步通信，Fischer 等证明，确定性的共识机制无法容忍任何结点失效[17]。Castro 和 Liskov 提出了实用拜占庭容错算法（practical Byzantine fault tolerance，PBFT），将拜占庭协议的复杂度从指数级降低到多项式级别，使拜占庭协议在分布式系统中应用成为可能[18]。为了提升 PBFT 的性能，Kotla 等提出了 Zyzzyva，认为网络结点在绝大部分时间都处于正常状态，无须在每个请求都达成一致后再执行，而只需在发生错误之后再达成一致[19]。Kwon 提出了 TenderMint，在按结点计票的基础上，对每张投票分配了不同的权重，如重要结点的投票可分配较高的权重，若投票权重超过 2/3 即认为可达成共识[20]。他认为，仅通过少数重要结点达成共识会显著减少网络中广播的消息数；在基于数字货币的应用中，权重也可对应为用户的持币量，从而实现类似权益证明的共识机制。Liu 等提出了交叉容错（cross fault tolerance，CFT），其认为恶意者很难同时控制整个网络和拜占庭结点，从而简化了 BFT 消息模式，可在 $n \geqslant 2f+1$ 条件下解决拜占庭将军问题[21]；此外，业界还提出了 Scalable BFT[22]、Parallel BFT[23]、Optimistic BFT[24]等 BFT 改进算法。Ripple 支付网络提出了基于一组可信认证结点的波纹协议一致算法（ripple protocol consensus algorithm，RPCA），能够在 $n \geqslant 5f+1$ 条件下解决拜占庭将军问题[25]。为了解决结点自由进出可能带来的“女巫攻击”（sybil attack）[26]问题，比特币应用了 PoW 机制。PoW 源自 Dwork 和 Naor 研究的防范垃圾邮件工作，即只有完成了一定计算工作并提供了证明的邮件才会被接收[27]。Back 提出了 Hashcash，其是一种基于哈希函数的工作量证明算法[28]。比特币要求只有完成一定计算工作量并提供证明的结点才可生成区块，每个网络结点利用自身计算资源进行哈希运算以竞争区块记账权，只要全网可信结点所控制的计算资源高于 51%，即可证明整个网络是安全的[29]。

为了避免高度依赖结点算力所带来的电能消耗，研究者提出一些不依赖算力而能够达成共识的机制。点点币（peercoin）应用了区块生成难度与结点所占股权成反比的 PoS 机制[30]；比特股（bitshares）应用了获股东投票数最多的几位代表按既定时间段轮流产生区块的股份授权证明 DPoS 机制[31]。Hyperledger Sawtooth 应用了基于 Intel SGX[32]可信硬件的逝去时间证明（proof of elapsed time，PoET）[33]机制。

基于证明机制的共识通常适用于结点自由进出的公有链，比特币与以太坊使用 PoW 机制；基于投票机制的共识则通常适用于结点授权加入的联盟链，Hyperledger Fabric 使用 PBFT 算法。

（3）数据层

比特币、以太坊和 Hyperledger Fabric 在区块链数据结构、数据模型和数据存储方面各有特色。

在数据结构的设计上，现有区块链平台借鉴了 Haber 和 Stornetta[34]、Merkle[35,36]的研究工作，设计了基于文档时间戳的数字公证服务以证明各类电子文档的创建时间。时间戳服务器对新建文档、当前时间及指向之前文档签名的哈希指针进行签名，后续文档又对当前文档签名进行签名，如此形成了一个基于时间戳的证书链，该链反映了文件创建的先后顺序，且链中的时间戳无法篡改。Haber 和 Stornetta 还提出将多个文档组成块并针对块进行签名、用 Merkle 树[37-39]组织块内文档等方案[34]。区块链中每个区块包含区块头和区块体两部分，区块体存放批量交易数据，区块头存放 Merkle 根、前块哈希、时间戳等数据。基于块内交易数据哈希生成的 Merkle 根实现了块内交易数据的不可篡改性与简单支付验证；基于前一区块内容生成的前块哈希将孤立的区块链接在一起，形成了区块链；时间戳表明了该区块的生成时间。比特币的区块头还包含难度目标、Nonce 等数据，以支持 PoW 共识机制中的“挖矿”运算。

在数据模型的设计上，比特币采用了基于交易的数据模型，每笔交易由表明交易来源的输入和表明交易去向的输出组成，所有交易通过输入与输出链接在一起，使每一笔交易都可追溯；以太坊与 Hyperledger Fabric 需要支持功能丰富的通用应用，因此采用了基于账户的模型，可基于账户快速查询到当前余额或状态[40]。在数据存储的设计上，因为区块链数据类似于传统数据库的预写式日志，所以通常都按日志文件格式存储；由于系统需要大量基于哈希的键值检索（如基于交易哈希检索交易数据、基于区块哈希检索区块数据），索引数据和状态数据通常存储在 Key-Value 数据库，如比特币、以太坊与 Hyperledger Fabric 都以 LevelDB[41]数据库存储索引数据。

（4）智能合约层

智能合约的概念是由 Nick Szabo 于 1994 年提出的，起初被定义为一套以数字形式定义的承诺，包括合约参与方执行这些承诺所需的协议，其初衷是将智能合约内置到物理实体以创造各种灵活可控的智能资产[42]。它是用算法和程序来编制的一种合同条款、部署在区块链上且可按照规则自动执行的数字化协议。由于早期计算条件的限制和应用场景的缺失，智能合约并未受到研究者的广泛关注，直到区块链技术出现之后，智能合约才被重新定义。区块链实现了去中心化的存储，智能合约在其基础上则实现了去中心化的计算。比特币脚本是嵌在比特币交易上的一组指令，由于指令类型单一、实现功能有限，其只能算作智能合约的雏形。以太坊提供了图灵完备的脚本语言 Solidity[43]、Serpent[44]与沙盒环境，即以太网虚拟机（ethereum virtual machine，EVM）[45]，以供用户编写和运行智能合约。Hyperledger Fabric 的智能合约被称为 Chaincode，其选用 Docker 容器作为沙盒环境，Docker 容器中带有一组经过签名的基础磁盘映像及 Go 与 Java 语言运行所需的软件开发工具包（software development kit，SDK），以运行 Go 与 Java 语言编写的 Chaincode[46]。

（5）应用层

比特币平台上的应用主要是基于比特币的数字货币交易。以太坊除了基于以太币的数字货币交易外，还支持去中心化应用（decentralized application，Dapp），Dapp 是由 JavaScript 构建的 Web 前端应用，通过 JSON-RPC 与运行在以太坊结点上的智能合约进行通信。Hyperledger Fabric 主要面向企业级的区块链应用，并没有提供数字货币，其应用可基于 Go、Java、Python、Node.js 等语言的软件开发工具包构建，并通过 gPRC 或 REST 与运行在 Hyperledger Fabric 结点上的智能合约进行通信[47]。

8.2　区块链的主要核心技术介绍

区块链实际上是一种互联网下的分布式数据库，但它的作业既不同于传统的关系型数据库，也不同于对象型数据库、NoSQL 数据库和时间（Temporal）数据库。所以，需要解决 4 个方面的核心问题。

问题 1：如何建立一个严谨的数据库，使该数据库能够存储海量的信息，同时又能在没有中心化结构的体系下保证数据库的完整性。

问题 2：如何记录并存储下这个数据库，使参与数据记录的某些结点崩溃，但仍然能保证整个数据库系统的正常运行与信息完备。

问题 3：如何在网络高速运行环境下，保证区块链整个交易数据的一致性。

问题 4：如何使数据库变得可以信赖，在互联网匿名环境下保持可信并防止欺诈。

从区块链的体系结构中可以发现，区块链所涉及的核心技术在各个层次各有不同，如网络层的核心技术主要是 P2P 技术，共识层的核心技术是 PoW/PoS 技术，智能合约层的核心技术是智能合约技术，以及数据层中包含的哈希算法、链式结构、Merkle 树及非对称加密技术等。同时也可以看出，区块链技术并不是一种单一的、全新的技术，而是当前多种现有技术（如加密算法、P2P 文件传输等）整合的结果，这些技术与数据库巧妙地组合在一起，形成了一种新的数据记录、传递、存储与呈现的方式。

为解决这几个核心问题，区块链构建了一整套完整的、连贯的数据库技术来达成目的。

（1）核心技术 1：区块+链

区块链建立数据库的办法是，将数据库的结构进行创新，把数据分成不同的区块，每个区块通过特定的信息链接到上一区块的后面，前后顺连来呈现一套完整的数据，这也是区块链三个字的来源。

区块：在区块链技术中，数据以电子记录的形式被永久储存下来，存放这些电子记录的文件称为区块。区块是按时间顺序一个一个先后生成的，每一个区块记录下它在被创建期间发生的所有价值交换活动，所有区块汇总起来形成一个记录合集。

区块结构：区块中会记录下区块生成时间段内的交易数据，区块主体实际上就是交易信息的合集。每一种区块链的结构设计可能不完全相同，但大结构上分为区块头和区块体两部分。区块头用于链接到前面的区块并且为区块链数据库提供完整性的保证，区块体则包含了经过验证的、区块创建过程中发生的价值交换的所有记录。

区块结构有两个非常重要的特点：第一，每一个区块上记录的交易是上一个区块形成之后、该区块被创建前发生的所有价值交换活动，这个特点保证了数据库的完整性。第二，在绝大多数情况下，一旦新区块完成并被加入区块链的最后，则此区块的数据记录就再也不能改变或删除，这个特点保证了数据库的严谨性，即无法被篡改。

区块链是区块以链的方式组合后形成的区块链数据库。区块链是系统内所有结点共享的交易数据库，这些结点基于价值交换协议参与到区块链的网络中来。每一个区块的块头都包含了前一个区块的交易信息压缩值，将创世块（第一个区块）到当前区块连接在一起形成了一条长链。由于如果不知道前一区块的交易压缩值，就没有办法生成当前区块，因此每个区块必定按时间顺序跟随在前一个区块之后。这种所有区块包含前一个区块引用的结构让现存的区块集合形成了一条数据长链。

（2）核心技术 2：分布式结构——开源、去中心化的协议

首先，要具有“区块+链”的数据；然后，要考虑如何记录和存储的问题，即在区块链系统中应该让谁来参与数据的记录，并把这些盖有时间戳的数据存储在何处的问题。在传统的中心化体系中，数据都是集中记录并存储于中心服务器上。但是区块链结构设计则不存在中心化的存储器，而是让每一个参与数据交易的结点都记录并存储下所有完整的数据。在这样的情况下，就需要考虑如何让所有结点都能参与记录的问题。区块链通过构建一整套协议机制，让全网每一个结点在

参与记录的同时也来验证其他结点记录结果的正确性。只有当全网大部分结点(甚至所有结点）都同时认为这个记录正确时，或者所有参与记录的结点都比对结果一致通过后，记录的真实性才能得到全网认可，记录数据才被允许写入区块中。

同时，解决存储“区块链”这套严谨数据库的办法是：构建一个分布式结构的网络系统，让数据库中的所有数据都实时更新并存放于所有参与记录的网络结点中。这样即使部分结点损坏或被黑客攻击，也不会影响整个数据库的数据记录与信息更新。

区块链根据系统确定的开源的、去中心化的协议，构建一个分布式的结构体系，让价值交换的信息通过分布式传播发送给全网，通过分布式记账确定信息数据内容，盖上时间戳后生成区块数据，再通过分布式传播发送给各个结点，实现分布式存储。分布式记账达到了会计责任分散化（distributed accountability）的效果。从硬件的角度讲，区块链的背后是大量的信息记录储存器（如计算机等）组成的网络，这一网络如何记录发生在网络中的所有价值交换活动呢？区块链设计者没有为专业的会计记录者预留一个特定的位置，而是希望通过自愿原则来建立一套人人都可以参与记录信息的分布式记账体系，从而将会计责任分散化，由整个网络的所有参与者来共同记录。

区块链中每一笔新交易的传播都采用分布式的结构，根据 P2P 网络层协议，消息由单个结点被直接发送给全网其他所有的结点。

区块链技术让数据库中的所有数据均存储于系统所有的计算机结点中，并实时更新。完全去中心化的结构设置使数据能实时记录，并在每一个参与数据存储的网络结点中更新，极大地提高了数据库的安全性。

通过分布式记账、分布式传播、分布式存储可以发现，没有任何个人和组织，甚至没有任何国家能够控制这个系统，系统内的数据存储、交易验证、信息传输过程全部都是去中心化的。在没有中心的情况下，大规模的参与者达成共识，共同构建了区块链数据库。

（3）核心技术 3： PoW 和股权证明 PoS——一致性需求

在完成去中心化后，区块链还需要注意数据一致性的问题。因此，如何保持其数据的一致性成为接下来要解决的问题。在网络中，高速区块链与低速区块链截然不同。在低速环境下，交易是用串行的方法来处理，所以低速区块链的一致性问题不大；而在高速环境下，交易和建块是并行的，所以一致性是一个新问题。传统数据库是以个别交易，而区块链是以建块来维持一致性。例如，在区块链中，每秒可以有上万次交易，且每秒也可以有多块被建立，所以每块也可以有上万次交易。这些交易中，可能就要对同一个视频有上千次点播。如果使用传统数据库，每次点播都是一个写（write），而在同一个交易中不可有一个以上的 write 在同一个数据上。而在网络的影视剧平台上，必须允许同时在一个块中有上千个 write

作用在同一个数据上。

公有链主要采用 PoW 和 PoS 机制有效地解决了一致性问题；而许可链中主要使用 PBFT 和 CBFT。一般而言，区块链系统越高速越好，但是共识的代价昂贵，许多计算力及结点通信都花在共识机制上。例如，PBFT 需要 3 轮投票，每轮都采用广播式通信方式，每次通信都需要签名、解签，再加上每笔交易都要签名和解签，所以，80%的计算力都花在共识处理上。使用不同的共识算法会产生不同的区块链架构和流程，面临的研究问题也不同。例如，PoW 面临的问题是速度和可扩展性，而 PBFT 面临的问题是并发，PoW 依靠结点的计算力来完成共识，PBFT 却不需要。

（4）核心技术 4：非对称加密算法

区块链技术应用于现实社会时，必须解决另一个核心问题，即如何保证区块链的可信性，在匿名环境下的互联网应用中能够有效防止诈骗。区块链通过采用非对称加密技术来保证区块链的安全性需求和所有权验证需求。

简单总结如下：非对称加密通常在加密和解密过程中使用两个非对称的密码，分别称为公钥和私钥。一个是加密时的密码（公钥），是公开全网可见的，所有人都可以用自己的公钥来加密一段信息（信息的真实性）；另一个就是解密时的密码（私钥），只有信息拥有者才知道和拥有，被加密过的信息只有拥有相应私钥的人才能够解密（信息的安全性）。

常见的非对称加密算法包括 RSA、Elgamal、D-H、ECC（elliptic curve cryptography，椭圆曲线加密算法）等。在非对称加密算法中，如果一个密钥对中的两个密钥满足以下两个条件：其一，对信息用其中一个密钥加密后，只有用另一个密钥才能解开。其二，其中一个密钥公开后，根据公开的密钥别人也无法算出另一个，那么就称这个密钥对为非对称密钥对，公开的密钥称为公钥，不公开的密钥称为私钥。在区块链系统的交易中，非对称密钥的基本使用场景有两种：第一种是公钥对交易信息加密，私钥对交易信息解密。私钥持有人解密后，可以使用收到的价值。第二种是私钥对信息签名，公钥验证签名。通过公钥签名验证的信息确认为私钥持有人发出。

从信任的角度来看，区块链实际上是用数学方法解决信任问题的产物。过去，人们解决信任问题可能依靠熟人社会的朋友、政党社会的同志，以及传统互联网中的第三方的交易平台的支付宝。而在区块链技术中，所有的规则事先都以算法程序的形式表述出来，人们完全不需要知道交易的对方是好人还是坏人，更不需要求助中心化的第三方机构来进行交易背书，仅需要信任数学算法就可以建立互信。区块链技术实质上是利用算法为人们创造信用，达成共识背书。

（5）核心技术 5：脚本

脚本可以理解为一种可编程的智能合约。如果区块链技术只是为了适应某种特定的交易，脚本的嵌入就没有必要，系统可以直接定义完成价值交换活动需要满足的条件。然而，在一个去中心化的环境下，所有的协议都需要提前取得共识，脚本的引入是不可或缺的。有了脚本之后，区块链技术就会使系统有机会去处理一些无法预见的交易模式，保证了这一技术在未来的应用中不会过时，增加了技术的实用性。

一个脚本本质上是众多指令的列表，这些指令记录在每一次的价值交换活动中，价值交换活动的接收者（价值的持有人）如何获得这些价值，以及花费掉自己曾收到的留存价值需要满足哪些附加条件。通常，发送价值到目标地址的脚本，要求价值的持有人提供以下两个条件，即一个公钥和一个签名（证明价值的持有者拥有与上述公钥相对应的私钥）。脚本的好处在于，具有可编程性。它可以灵活改变花费掉留存价值的条件，如脚本系统可能会同时要求两个私钥、几个私钥或无须任何私钥等。它还可以灵活地在发送价值时附加一些价值再转移的条件，如脚本系统可以约定这一笔发送出去的价值以后只能用于支付证券的手续费或支付给政府等。

8.3　区块链应用系统开发需要注意的关键问题

区块链把数据分成不同的区块，每个区块通过特定的信息链接到上一区块的后面，前后顺连，呈现一套完整的数据。每个区块的块头包含前一个区块的哈希值（previous block Hash），该值是对前区块的块头进行哈希函数计算（Hash function）而得到的。2013 年 12 月，Buterin 提出了以太坊区块链平台，除了可基于内置的以太币（Ether）实现数字货币交易外，还提供了图灵完备的编程语言以编写智能合约，从而首次将智能合约应用到了区块链。以太坊的愿景是创建一个永不停止、无审查、自动维护的去中心化的世界计算机。2015 年 12 月，Linux 基金会发起了 Hyperledger 开源区块链项目，旨在发展跨行业的商业区块链平台。2016 年 4 月，R3 公司发布了面向金融机构定制设计的分布式账本平台 Corda，该公司发起的 R3 联盟包括花旗银行、汇丰银行、德意志银行、法国兴业银行等 80 多家金融机构和监管成员。R3 声称 Corda 是受区块链启发的去中心化数据库，而不是一个传统的区块链平台，原因就是 R3 反对区块链中每个结点拥有全部数据，而注重保障数据仅对交易双方及监管可见的交易隐私性。2016 年 2 月，BigchainDB 公司发布了可扩展的区块链数据库 BigchainDB，BigchainDB 既拥有高吞吐量、低延迟、大容量、丰富的查询和权限等分布式数据库的优点，又拥有去中心化、不可篡改、资产传输等区块链的特性，因此其被称为在分布式数据库中加入了区块链特性。2017 年 1 月，国内的众享比特团队发布了基于区块链技术的数据库应用平台——ChainSQL，ChainSQL 基于插件式管理，其底层支持 SQLite3、MySQL、PostgreSQL 等关系数据库。2017 年 4 月腾讯发布了可信区块链平台 TrustSQL，致力于提供企业级区块链基础设施及区块链云服务。TrustSQL 支持自适应的共识机制、4000TPS 的交易吞吐量、秒级交易确认，以及 Select、Insert 两种 SQL 语句。2018 年 1 月，人人坊（RRCoin）成立，它是基于区块链和智能合约技术，针对社交网络激励机制和消费行为制定的数字加密虚拟货币。在区块链实现的社交平台上，RRCoin 作为令牌，为平台的智能合约和交易行为提供运作媒介，应用于直播、商业推广、社交游戏、钱包应用等场景中。用户、专业生产内容（professional generated content，PGC）、开发人员、广告主、平台方等均可在系统内获得或支付 RRCoin。RRCoin 为社交网络提供一个开源的区块链平台，利用去中心化的账本记录所有参与者在社交网络中的交互行为，利用智能合约技术实现和约束社交网络中特定场景下参与者的交易行为。

区块链的进化方式是从最初的区块链 1.0（数字货币）开始，到区块链 2.0（数字资产与智能合约），再到区块链 3.0（各种行业分布式应用）的过程发展进化而来。区块链 1.0 的主要应用是比特币；区块链 2.0 的主要应用是可编程金融，是经济、市场和金融领域的区块链应用，如股票、债券、期货、贷款、抵押、产权、智能财产和智能合约；区块链 3.0 的主要应用是能够对于每一个互联网中代表价值的信息和字节进行产权确认、计量和存储，从而实现资产在区块链上可被追踪、控制和交易，是价值互联网的内核。

8.4　区块链存在的一些问题

随着区块链的迅猛发展，人们逐渐发现区块链并不是完美无瑕的，在其发展应用中也仍然存在一些重要问题。例如，安全问题，基于 PoW 共识过程的区块链主要面临的是 51%攻击问题，即结点通过掌握全网超过 51%的算力就有能力成功篡改和伪造区块链数据。以比特币为例，据统计中国大型矿池的算力已占全网总算力的 60%以上，理论上这些矿池可以通过合作实施 51%攻击，从而实现比特币的双重支付。又如效率问题，区块链要求系统内每个结点保存一份数据备份，这对于日益增长的海量数据存储而言是极为困难的。同时，还有交易效率问题，比特币目前每秒仅能处理 7 笔交易[3]，这极大地限制了区块链在大多数金融系统高频交易场景中的应用。表 8-1 为区块链与传统数据库性能的对比。

表 8-1　区块链与传统数据库性能的对比

项目	传统数据库	区块链	项目	传统数据库	区块链
中心化	集中部署在同一集群内，单一机构管理和维护	不存在任何中心结点，分布式大数据存储	事务处理	有较强的事务处理能力，由DBMS中的事务处理子系统完成和保证	主要依赖底层数据库来提供事务处理，而底层数据库大多是没有事务处理能力的Key-Value数据库，如LevelDB
篡改性	数据集中管理，容易被篡改	通过哈希指针和 Merkle树实现全量存储及共识机制，使单一结点无法篡改	并发处理	可以高并发地为众多的客户端提供服务	由于结点都以对等结点身份参与 P2P 网络中的交易处理，无针对高并发服务做优化设计，不支持高并发客户端访问
追溯性	集中管理数据，数据的可追溯性差	自系统运行以来所有交易数据，可方便还原、追溯	查询统计	具有丰富的查询语句和统计函数，具有复杂的复合查询和统计能力	通常存储在 Key- Value数据库甚至文件系统中，在 Non-Key 查询和历史数据查询上都不方便，不能进行复杂的复合查询和统计
可信性	通过访问控制策略实现，可信性较差	每笔交易需发送者的签名，并经过全网达成共识	访问控制	具有成熟的访问控制机制和技术	大多数区块链平台的数据都是公开透明地全量储存在每个结点上，基本依靠交易签名验证，需要整合传统访问控制机制和策略
可用性	采用主备模式保障系统可用，备份数据库同步备份主数据	无主备关系，每一结点都是异地多活结点，并每一结点都同步存储所有数据，具有较高的可用性	可扩展性	通过横向扩展增加结点数，以线性提高系统吞吐量、并发访问量和储存容量	随着结点和区块数量的增多，系统整体性能下降，目前的一些扩展方案还不成熟
吞吐量	每笔交易单独执行处理，执行速度高	以区块为单位多笔交易批处理，交易时间较长			

注：DBMS 为数据库管理系统（database management system）。

8.5　区块链与信任管理之间的区别与联系

在传统的交易中，由于交易双方互相不信任，因此需要国家信用背书（如中国人民银行）或企业背书（如支付宝）的第三方机构。第三方机构的存在增加了交易费用，扩大了不必要的交易规模，产生了交易时滞，降低了交易的效率。

在“互联网+”环境下，随着在线服务和交易的爆炸性增长及数字经济的快速发展，为解决交易信任、服务安全、社会信用等问题，研究人员提出了信任管理的概念，且信任管理研究近年来已取得较快发展和普及，成为当前互联网环境下信用体系的一个重要保障。

随着区块链技术的迅速发展和应用，区块链技术大有颠覆传统信任安全技术的趋势，如《经济学人》对区块链的总结为 Trust。区块链通过数字签名对电子货币进行加密来解决电子货币交易双方的身份问题，无须第三方机构进行监管。同时，区块链可以有效地促进数字资产转移，包括有效的信用验证、所有权验证、所有权转让和合同执行。区块链的信任实质上是一种“基于代码的信任”，这种基于代码的信任，是 100%的，一旦代码经过一次验证之后，面向的交互对象就没有人的因素在里面，而只有代码。在区块链技术之前，整个社会没有 100%的代码信任模型，这个时候信任采用的是一种信托式的信任关系。从这个层面而言，区块链具有之前信任模型无法达到的优势。

然而，表面上看区块链是一种无须信任的系统，但是实际上区块链并没有消除信任。整个区块链系统所做的实质上是减少系统中每个参与者所需要的信任量。区块链系统通过激励机制来保证每个参与者之间按照系统协议来合作，从而实现把信任分配给每个参与者。

区块链主要是利用了共识机制来保证去中心化和去信任。在区块链中，共识机制共分为三类，即算法共识、决策共识和市场共识。其中，算法共识属于分布式计算领域中的问题，是指在各种差错、恶意攻击、可能不同步的对等式网络（peer-to-peer network）中，并且在没有中央协调的情况下，确保分布式账本在不同网络结点上的备份是一致的。决策共识是指在群体决策中，群体成员发展并同意某一个对群体最有利的决策。决策共识常见于政治活动和公司治理中。决策共识的要件包括不同的利益群体、一定的治理结构和议事规则、相互冲突的利益或意见之间的调和折中及对成员有普遍约束的群体决策（这个决策不需要符合所有成员原先的立场）。市场共识体现在市场交易形成的均衡价格中。区块链内资产参与交易时（不管是区块链内资产之间交易，还是与区块链外资产交易），都会涉及市场共识。

算法共识是网络结点运行算法规则的产物，决策共识是由人（包括网络结点的拥有者或控制者，而非网络结点本身）来制定或修改算法规则，市场共识则是在算法共识和决策共识的基础上由市场机制产生。

在对等式网络结点（特别是负责生成和验证区块的结点）中，有诚实结点和恶意结点之分。诚实结点遵守算法规则，能完美地发送和接收消息，但其行为完全是机械性的。恶意用户则可以任意偏离算法规则。在一定限制条件下（如比特币要求 50%以上算力由诚实结点掌握），算法规则保证了算法共识的可行性、稳定性和安全性。作为诚实结点机械性运行算法规则的产物，算法共识不表示结点的所有者或控制者在语义上完全认同分布式账本的全部内容。特别是，算法规则适合处理数量化、含义明确、能用程序呈现的信息（硬信息），不适合处理定性的、要结合前后表述的内容才能理解的信息（软信息）。后一类信息即使写入区块，通常也不属于算法规则的处理对象或算法共识的内容。对于算法共识而言，其如同很多人手上都有某一历史档案的复印件（相当于分布式账本的多个备份），他们知道这些复印件在文本上一致，但不一定完全认同历史档案的内容，不同人对历史档案的理解也可以有差异。因此，要结合算法规则才能分析算法共识能否降低信息不对称及降低的程度。完全的信息对称只存在于理论设想的完美情景中，不是算法共识与分布式账本能实现的，不应成为其目标。

可见，区块链不仅涉及单纯的算法问题，还涉及社会学、经济学等领域的问题。市场共识是市场机制的产物。市场机制是一个经济学概念，其核心是交易和竞争。市场机制解决的问题远比算法规则复杂。对于同一商品，不同买家和卖家对其估价也不同。市场能匹配供给和需求，均衡时商品供给等于需求，此时的均衡价格就代表了供给者和需求者一致能接受的价格。尽管市场参与者对商品仍可能有自己的估价，但在任何时点上只能按该时点的市场价格进行交易，这就是市场共识的含义。市场共识不意味着价格稳定，即市场均衡的标志是供需平衡（或市场出清），与价格波动可以并行不悖。哈耶克认为，与商品供需有关的信息分散存在于社会中，价格是汇聚这些信息最有效的机制。鉴于信息的分散性及市场参与者激励、互动的复杂性，市场机制不可能由算法规则来模拟或替代。实际上，算法规则也很难模拟或替代决策共识的实现过程。例如，比特币价格实际上是由市场共识而非算法共识决定的。分布式账本确保交易记录不会被篡改，比特币不会被伪造或双重支付。一旦得到保障，比特币的价格就主要由市场机制决定，而非由区块链内的算法共识决定。

另外，去信任（trustless）不等同于没有信用风险。去信任源于区块链内资产被交易时，账目维护和结算同步进行这一安排。例如，假设 Alice 以比特币向 Bob 买入某一商品。Alice 向 Bob 支付比特币这一过程，无须两人之间有任何了解，就可以在区块链内有保障地进行。这是去信任的真正含义，但去信任只适用于这类交易场景，不宜泛化理解[48]。

在交易的另一端，Alice 如何确保 Bob 会按时向她交付合格的商品？只要交易涉及区块链外、非实时交割的资产，就存在不容忽视的信用风险。此外，基于区块链内资产的借贷活动，也涉及信用风险。信用风险反映在不确定的跨期交易中，有清偿义务的一方没有意愿或能力偿付的风险（不管是用货币还是用商品来偿付）。如果交易双方之间没有任何了解，他们对彼此信用风险的评估可能处于非常高的水平，并引发逆向选择和道德风险等问题。只有在识别信用风险、准确评估信用风险并引入有效的风险防范措施后，很多交易才能进行。例如，一些暗中交易的平台经常设立第三方托管账户（escrow account）。买方先将比特币打入第三方托管账户，等收到商品并确认后，才通知交易平台将前述比特币转给卖方。如果没有第三方托管账户这个增信手段，比特币忠实拥护者之间的交易也会大幅减少。

综上可知，虽然区块链增强了网络的安全可信性，但是并不能完全替代信任，区块链目前在一定程度上还依赖传统的信任模式。也正因为如此，区块链想要完全替代信任还有很长的路要走。

小　结

本章介绍了区块链的起源、概念、特点和相应的技术原理，详细介绍了区块链的体系结构，以及体系结构中各层次之间的主要技术特点。为更详细地了解区块链的主要核心技术内容，本章对区块链核心技术进行了详细介绍，同时还介绍了区块链系统应用所需注意的问题。最后对区块链和信任管理之间的区别进行较为详细的说明。可见，虽然区块链力图通过技术性活动而彻底替代信任，但实际上目前依然不具备实际的应用环境和背景。

参考文献

[1] NAKAMOTO S. Bitcoin: a peer-to-peer electronic cash system[EB/OL]. (2014-10-13)[2017-02-03]. https://bitcoin.org/en/bitcoin- paper.
[2] SWAN M. Blockchain: blueprint for a new economy[M]. Cambridge: O'Reilly Media, Inc.，2015.
[3] 袁勇，王飞跃．区块链技术发展现状与展望[J]．自动化学报，2016，42（4）：481-494.
[4] 颜拥，赵俊华，文福拴，等．能源系统中的区块链：概念、应用与展望[J]．电力建设，2017，38(2)：12-20.
[5] BUTERIN V. A next-generation smart contract and decentralized application platform[J]. Journal of software engineering and applications, 2016，9(10): 533-546.
[6] 邵奇峰，金澈清，张召，等．区块链技术：架构及进展[J]．计算机学报，2017，40（11）：1-21.
[7] 朱志文．Node.js 区块链开发[M]．北京：机械工业出版社，2017.
[8] 中国人民银行合肥中心支行科技处课题组．区块链结构、参与主体及应用展望[J]．金融纵横，2017（1）：43-53.
[9] GRIBBLE S D, HALEVY A Y, IVES Z G, et al. What can database do for peer-to-peer?[C]// Proceedings of the Fourth International Workshop on the Web and Databases (WebDB). [2018-01-16].
[10] 余敏，李战怀，张龙波．P2P 数据管理[J]．软件学报，2006，17（8）：1717-1730.
[11] 钱卫宁．对等计算系统中的数据管理[D]．上海：复旦大学，2004.
[12] ANTONOPOULOS A M. Mastering bitcoin: unlocking digital cryptocurrencies[M]. Sebastopol: O'Reilly Media, Inc., 2014.
[13] LAMPORT L. The part-time parliament[J]. ACM transactions on computer systems, 1998, 16(2): 133-169.
[14] LAMPORT L. Paxos made simple[J]. ACM sigact news, 2001, 32(4):18-25.

[15] ONGARO D, OUSTERHOUT J K. In search of an understandable consensus algorithm[C]// Proceedings of the USENIX Annual Technical Conference, 2014.

[16] LAMPORT L, SHOSTAK R, PEASE M. The Byzantine generals problem[J]. ACM transactions on programming languages and systems, 1982, 4(3): 382-401.

[17] FISCHER M J, LYNCH N A, PATERSON M S. Impossibility of distributed consensus with one faulty process[J]. Journal of the ACM, 1985, 32(2): 374-382.

[18] CASTRO M, LISKOV B. Practical byzantine fault tolerance and proactive recovery[J]. ACM transactions on computer systems, 2002, 20(4): 398-461.

[19] KOTLA R, ALVISI L, DAHLIN M, et al. Zyzzyva: speculative byzantine fault tolerance[C]// Proceedings of the 21st ACM Symposium on Operating Systems Principles 2007 (SOSP), 2007.

[20] KWON J. TenderMint: consensus without mining[EB/OL]. (2014-08-21)[2016-03-09]. http://diyhpl. us /~bryan/ papers2/bitcoin/ tendermint_v03.pdf.

[21] LIU S, VIOTTI P, CACHIN C, et al. XFT: practical fault tolerance beyond crashes[C]//Proceedings of the 12th USENIX Symposium on Operating Systems Design and Implementation, 2016.

[22] BEHL J, DISTLER T, KAPITZA R. Scalable BFT for multi-cores: actor-based decomposition and consensus-oriented parallelization[C]//Proceedings of the 10th Workshop on Hot Topics in System Dependability (HotDep), 2014.

[23] ZBIERSKI M. Parallel byzantine fault tolerance[M]//WILIŃSKI A, ELFRAY I, PEJAŚ J. Soft Computing in Computer and Information Science. Switzerland: Springer International Publishing, 2015.

[24] ZHAO W. Optimistic byzantine fault tolerance[J]. International journal of parallel, emergent and distributed systems, 2016, 31(3): 254-267.

[25] SCHWARTZ D, YOUNGS N, BRITTO A. The ripple protocol consensus algorithm [EB/OL].(2014-06-18)[2017-03-02]. https://ripple.com/files/ripple_consensus_whitepaper. pdf.

[26] DOUCEUR J R. The sybil attack[C]//International Workshop on Peer-to-Peer Systems, 2002.

[27] DWORK C, NAOR M. Pricing via processing or combatting junk mail[C]//Proceedings of the Advances in Cryptology-CRYPTO, 1992.

[28] BACK A. Hashcash[EB/OL]. (2002-06-07)[2017-01-08]. http://www.cypherspace.org/hashcash/hashcash.pdf.

[29] ASPNES J, JACKSON C, KRISHNAMURTHY A. Exposing computationally-challenged Byzantine impostors[R]. New Haven: Yale University, 2005.

[30] KING S, NADAL S. PPCoin: peer-to-peer crypto-currency with proof-of-stake[EB/OL]. (2012-11-18)[2015-10-22]. https:// peercoin.net/ assets/paper/peercoin-paper.pdf.

[31] 陈志东，董爱强，孙赫，等. 基于众筹业务的私有区块链研究[J]. 信息安全研究，2017，3（3）：227-236.

[32] BAYER D, HABER S, STORNETTA W S. Improving the efficiency and reliability of digital time-stamping[C]// Sequences II: Methods in Communication, Security and Computer Science, 1993.

[33] HABER S, STORNETTA W S. How to time-stamp a digital document[C]//Proceedings of the Advances in Cryptology-CRYPTO '90, 1990.

[34] HABER S, STORNETTA W S. Secure names for bit-strings[C]//Proceedings of the 4th ACM Conference on Computer and Communications Security, 1997.

[35] MERKLE R C. Protocols for public key cryptosystems[C]//Proceedings of the 1980 IEEE Symposium on Security and Privacy, 1980.

[36] MERKLE R C. A digital signature based on a conventional encryption function[C]//Proceedings of the Advances in Cryptology - CRYPTO '87, 1987.

[37] SZYDLO M. Merkle tree traversal in log space and time[C]//Proceedings of the Advances in Cryptology -Eurocrypt 2004, 2004.

[38] NARAYANAN A, BONNEAU J, FELTEN E, et al. Bitcoin and cryptocurrency technologies: a comprehensive introduction[M]. Princeton: Princeton University Press, 2016.

[39] SZABO N. Formalizing and securing relationships on public networks[J]. First monday, 1997, 2(9): 548.

[40] DANNEN C. Introducing ethereum and solidity: foundations of cryptocurrency and blockchain programming for beginners. Berkeley,USA: Apress, 2017.

[41] 申屠青春．区块链开发指南[M]．北京：机械工业出版社，2017．

[42] 杨保华，陈昌．区块链原理、设计与应用[M]．北京：机械工业出版社，2017．

[43] BUTERIN V. A next-generation smart contract and decentralized application platform[EB/OL]. (2016-08-19)[2018-01-11]. https://github.com/ethereum/wiki/wiki/White-Paper.

[44] BROWN R G, CARLYLE J, GRIGG I, et al. Corda: an introduction[EB/OL]. (2016-09-08)[2017-10-12]. https://gendal.me/2016/08/24/corda-an-introduction/.

[45] MCCONAGHY T, MARQUES R, MÜLLER A, et al. BigchainDB: a scalable blockchain database[EB/OL]. (2016-05-16)[2017-04-23]. http://s3.amazonaws.com/arena-attachments/830378/ db1ff2fb010d68e67dd5bfe1d20f5e33. pdf?1484096147.

[46] 北京众享比特科技有限公司．基于区块链的数据库应用平台技术白皮书[EB/OL]．(2017-05-11)[2018-04-12]. http://www.chainsql.net/.

[47] 腾讯 FiT，腾讯研究院，腾讯公共战略委员会办公室，等．腾讯区块链方案白皮书[EB/OL]．(2017-03-23)[2017-06-11]. https://www.fitgroup.com/trustsql.shtml.

[48] 邹伟伟．区块链内的共识与信任：对常见误解的辨析[EB/OL]．(2018-02-26)[2018-04-12]．http://www.jpm.cn/article-50966-1.html.

第 9 章 动态信任管理总结和技术发展趋势

9.1 信任的研究总结

随着以 Internet 为基础平台的各种新型网络的大规模使用和推广，大数据环境下面向服务的动态信任管理技术成为支撑这些新型系统的安全和应用的关键性技术之一。针对大数据环境下面向服务的特点是以社会关系认知为中心的计算特点，以及大数据网络应用服务系统的新特点和新需求，如何构建具有普适性、可扩展性的动态信任管理推荐模型、合适的服务结点评估方法对复杂网络中结点间的推荐信任关系进行管理和可信的智能辅助决策，已经成为当前的重要研究热点和方向。

大数据环境下面向服务的动态信任管理技术主要是从社会学、心理学和行为学的角度针对当前新型网络特点造成的复杂信任环境和动态推荐信任技术问题进行研究，适用于大数据环境下（如社会网络、移动互联网、云计算、物联网、电子商务等）不同应用环境中的动态信任模型和动态推荐信任技术，将信任关系理解为随人的社会关系、交互时间、上下文环境和信任关系的特性等因素动态变化的量，通过量化模型刻画信任关系的动态性，通过对动态信任关系的管理实现对可信决策的支持。对动态推荐信任进行研究，是对解决社会网络环境下多种应用系统信任问题的有益探索，有助于促进和提升信任管理技术，最终通过动态的信任管理技术满足当前新型网络系统对信任的匿名性、动态性和安全性需求。

针对现有大数据环境下面向服务的信任管理模型中存在的不足，综合运用社会学、心理学、经济学、管理学思想，将社会关系认知思想引入动态信任关系度测框架中，通过加权综合交互信任和推荐信任，运用多种数学理论评估和预测信任计算的可信度，解决社会网络中结点欺诈、恶意推荐等问题，确保信任评估的准确性和客观性，为用户挑选合适交互结点提供决策依据。本书的主要贡献包括如下几点。

1）针对当前信任模型大多是利用信任链传递方式进行推荐信任计算，不能较好地体现实际应用服务场景中人际关系对推荐信任计算的影响，同时结点的喜爱偏好会引起每次交互内容的差异，进而引起推荐信任计算不够准确的问题，本书利用社会关系认知思想，提出了一种服务推荐信任方法——DOCSRTrust。该方法将人的社会关系熟悉度和服务内容本体概念相似度作为影响推荐信任的重要因子引入推荐信任计算中，以保证推荐信任计算的准确性。模拟实验表明，DOCSRTrust 方法比 EigenRep 方法在抑制结点恶意欺诈行为上的成功率高 10%，比普通方法高 30%以上；针对结点策略型欺骗，在 30 个交互周期时，DOCSRTrust 方法的成功率比 EigenRep 方法和普通方法分别高 13%和 34%，说明该方法能较好地确保推荐信任计算的准确度。

2）针对利用服务内容本体概念相似度的推荐信任计算方法考核指标单一，较难适应拥有多样性考核指标的大规模网络应用服务环境，本书提出了基于服务多属性相似度的推荐信任计算方法，通过多指标服务的相似度计算来检测结点的可信性；同时针对多类别复杂服务环境下服务内容本体概念相似度计算效率低的问题，提出基于信息论和启发式规则的服务内容概念相似度计算方法。模拟实验表明，在第 25 个交互周期时该方法抑制结点推荐作弊的交互成功率是 75%，相比 EigenRep 方法和普通方法分别提高了 14%和 20%，说明该方法对于策略型欺诈结点有较好的抑制性。对结点协同作弊实验，该方法与 Hassan 方法相比高出了 18%的成功率，说明该方法具有更好的效果。

3）针对结点交互信任度高其推荐也更可信的认识缺陷，本书还提出了基于马尔可夫链的多属性推荐信任评价方法。通过对推荐可信性指标的分析，采用服务推荐成功率、服务结点自身可信性、服务推荐能力进化度和结点推荐与推荐综合计算值之间的差异度作为衡量推荐信任可信性的度测指标，同时利用马尔可夫链来计算服务推荐能力进化度，用这 4 个指标综合计算结点推荐的可信性。模拟实验表明，该方法在 10 个交互周期时的推荐准确率是 81%，在 20 个交互周期时的推荐准确率是 91%，而 EigenRep 方法没有考虑服务推荐相似度，对结点的推荐没有任何区分，因此推荐准确率表现为相同，说明所提方法更具适用性。在恶意结点率为 40%的情况下，所提方法的推荐成功率仍达到 64%，表现出了良好的效果。

4）针对当前信任模型中往往缺少对结点的奖惩-激励策略的考虑，本书引入了竞标机制，提出了基于竞标机制的动态激励模型。通过竞标来调动网络结点积极服务以获得相应收益，并在选取结点时充分考虑结点的可信性，本书提出了基于熵权与 TOPSIS 法的竞标结点选取评价方法，该方法利用信息熵来计算竞标服务结点的评价指标权重，并利用 TOPSIS 法从多个结点中选择出合适的交互结点。模拟实验表明，虽然结点 A_5 的信任度、交互数量不是最高的，价格也不是最低的，但其贴近度却是所选 10 个结点中最高的，达到 0.801，说明该方法能够根据信任和竞标要求实际情况综合性考量竞标结点，实验结果符合实际情况。

虽然本书通过结合信任的社会属性、情感因素对直接信任计算、推荐信任计算、总体信任计算、推荐信任可信性、推荐服务相似度计算等问题展开了广泛而深入的研究，但是仍然有许多问题值得今后继续深入的探索研究和完善。

1）对信任的内涵和外延关系需要进一步研究。信任的内涵虽然较为清晰，但其外延对于信任关系的影响程度在不同的上下文中如何进行形式化表示并度测，对信任关系的准确建立至关重要，也是未来信任管理中必须解决的问题。

2）本书针对推荐信任进化度虽然利用马尔可夫链进行了计算，并取得了一定的效果，但是在计算时为简化计算的复杂度，假定马尔可夫链中一步转移概率 P_w 是不变的，但是实际上它是在不断变化的。另外，时间也并非无穷大。因而下一步的工作将寻找和改进该评估算法，同时增加实际环境因素进行实验，以便进一步发现新的问题并完善该算法。

3）在相似度计算中，本书使用了本体概念相似度算法，虽然利用本体进行了计算，解决提出的一些问题，但是本体的构建、本体的形式化表示等方面还需要在今后的研究中不断深入。另外，本书对相似度的信任模型实验是针对小规模网络进行的验证，虽然验证了本书模型和算法的正确性，但是在大规模网络下其效率问题仍然有待解决。因此，下一步的工作将是针对大规模网络进行算法的改进和效率的提高。

4）针对以竞标和信任为基础搭建的应用系统原型目前仅是对各单个模块进行了相应子系统的验证，而其整体系统原型还未能完全集成实现，其完整性和系统性还需要在后续的系统集成中不断进行丰富、修改和完善。因此，下一步的工作将是对各模块进行系统集成，并针对其中的问题进行研究、修改和完善。

9.2 动态信任管理技术目前存在的主要问题

动态信任管理模型虽然已经过多年的研究与发展，但是随着新型网络环境不断的变化，其研究必然会随着这些变化而不断产生新的问题。通过相关研究发现，目前动态信任管理技术还存在一些明显的问题。

（1）信任关系定义的混乱性

信任关系是最复杂、最难以描述的社会关系之一，也是一个非常主观的心理认知问题，是实体对客观事物的主观决策。因为信任缺乏一个权威统一的认识，所以当前的各信任模型都会根据自己的需要来给出相应的信任定义，这就造成关于信任的研究在具体的研究与应用中带有一定的偏向性。

（2）信任模型的多样性

各种模型都是基于不同的应用背景提出来的，如分布式环境下的信任模型强调动态性和不确定性；电子商务中的信任模型强调服务的互信；而社会网络中的信任模型则强调服务双方的交互行为可信。

（3）模型性能的评价困难

对于一个模型的性能是否优于其他模型的评价是一个非常困难的事情，本书采用模拟方法来进行比较。所以，如何能进行实际的测试和比较，是今后模型的一个重要的发展方向。

（4）决策因子还不够全面

在模型的构建过程中，本书是按照重要程度进行因素（或指标）的筛选，但由于信任是一个具有敏感因素的心理活动，在实际情况中，往往一个不经意的因素（或指标）就会引起交互行为发生较大的偏差，这种情况在当前社会网络中特别容易出现，为此，会发现现有的模型决策因子还存在较简单和不够全面的问题。

9.3　动态信任管理技术发展趋势

虽然信任管理技术经过多年的发展，但是随着发展迅猛的新型网络应用服务的层出不穷，动态信任管理技术也在不断地发展和更新。通过前面的分析，可以总结出动态信任管理技术未来的发展趋势主要有如下几个方面。

（1）信任管理技术需要与当前的新兴技术发展相匹配

随着移动互联网、社会网络、物联网、云计算等技术的兴起，大数据自然成为这些新技术的一个大的应用背景。在网络的应用中，可以说一切服务都需要通过数据来体现。因此，未来信任管理技术的发展方向一定是和大数据环境下的数据分析技术密不可分的，同时人类认知活动的复杂多样性，每一认知都是在非常具体的场景下做出的，因而具体到应用服务则需要重点考虑各自的特点，形成特有的信任管理模型和技术。

（2）信任模型的评价问题

对于一个模型的性能是否能够满足要求，需要通过严格的测试来认定，但测试模型的优劣是一个非常复杂和困难的工作。为使学者所研究的信任模型能够较好地比较各自的优劣性能，需要在信任模型的评价上做大量的研究工作，毕竟信任模型受背景和多种因素的约束。同时，一个模型的提出还需要实际的检测和检验，因此，模型是否具有实用价值也是未来信任管理技术发展的一个重要的方向。